# 深海ロボット、南極へ行く

極地探査に挑んだ工学者の700日

後藤慎平

太郎次郎社エディタス

小学４年生の著者。手づくりの模型を手に、あこがれの南極観測船「しらせ」と

この本の主役、南極湖沼調査用ROV「AR-ROV01」(愛称KISHIWADA)

出会いから25年後、南極をめざし、2代目しらせに乗りこむ

AR-ROV01の航法デバイスとして開発されたG-SHOCKのFROGMAN（カシオ）。写真はのちに市販されたコラボモデル

氷床と岩が混在する露岩域「スカーレン」。独特な地層が広がる

きらめく南極海に浮かぶ氷山

夕日に照らされる海氷

南極からの復路、しらせから見たオーロラ

南極の湖「長池」の底に生息するコケボウズ

長池の湖深部付近で、あきらかにコケボウズの生息状況が変わる「境界」を発見

きざはし浜小屋の眼前、オーセン湾の海底に広がるホタテとウニのコロニー

お花畑のように海底一面に生息するケヤリムシの仲間。一帯の光景から、ひとつの仮説を思いつくことになる

# しらせ航路図
（第59次南極地域観測隊）

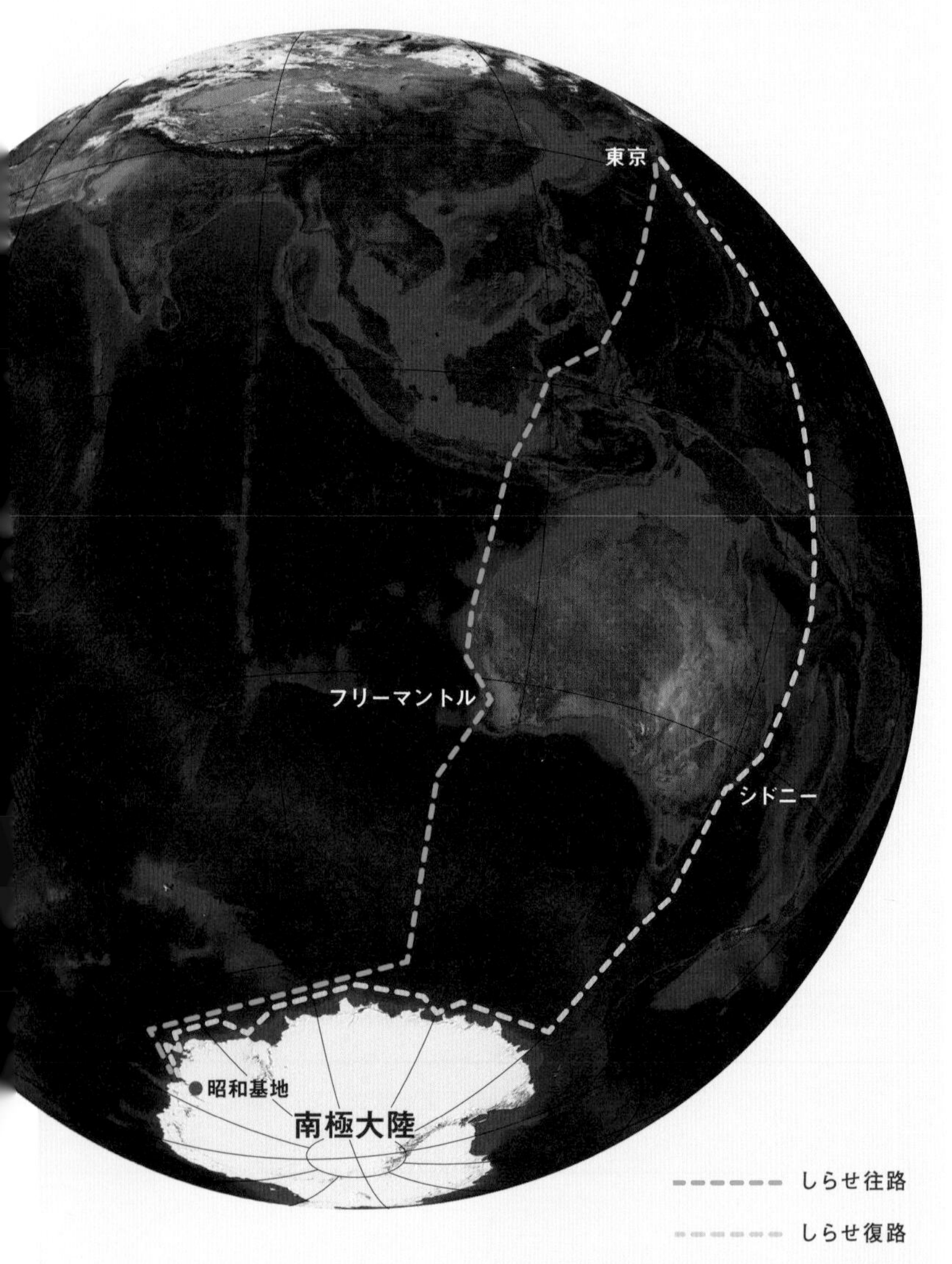


国立極地研究所ウェブサイトをもとに作成
（地球の画像は NASA のものを使用）

# 深海ロボット、南極へ行く

## 極地探査に挑んだ工学者の７００日

プロローグ

# 超深海の世界から

水深８０００ｍを超える「超深海」。ほとんど潮の流れのないこの場所では、ゆっくりと、ゆっくりと泥が去り、視界が晴れていく。投光器の灯りはほんの数ｍ先までしか届かず、その向こう側には真っ暗な深海が続いていて、これまで見てきたような深海の景色とまったく違い、どことなく、こわさを感じる。それが、はじめて見るマリアナ海溝の第一印象だった。

視界が晴れ、周囲が見渡せるようになると、ビークルを離底させて海底のようすを観察する。といっても、私は操縦するのに精いっぱいで「観察」できるほどの余裕はない。そのため、パイロット席の後方に座っている生物や地質の研究者がいっしょにモニタを見ながら観察をする。

「あっ！　ヨコエビ！」

目の前を何かが横切ったと思ったら、後方から大きな声が飛んできてビクっとする。どうやらカメラに映ったのはカイコウオオソコエビと思われる生物だったようだ――。

ここまで読んでくれた人は、私のことを有人潜水船のパイロットと思ったかもしれない。しかし、このとき私は、マリアナ海溝上の海面を漂う船の上にいた。じっさいに海に潜っていたのは、私たちがつくった深海ロボットだ。

めざすのは光の届かない超深海。深海ロボットを開発する者にとってあこがれの場所と言っても過言ではないだろう。そのあこがれの場所に、自身の手がけたロボットを自身の手で潜らせる。おそらく、こんなエクストリームな経験をしている日本人は総理大臣経験者より少ないんじゃないかとさえ思う。

2014年1月、世間はまだ正月気分のなか、雪のちらつく横須賀を出港し、「経済速力」とよばれる効率的な速度で南下を続けること約5日。青ヶ島、小笠原、孀婦岩(そうふがん)を通りこし、日本から約2700km、ようやくマリアナ海溝の上の潜航ポイントに到着した。出港時に着ていた分厚い服はとうに脱ぎ捨て、甲板上のほとんどの者は半袖姿になり、滴る汗をぬぐいながら作業を続けていた。はじめて見るマリアナの海は、これまでに見たどの海の「蒼(あお)」にも似ておらず、海の底からLEDパネルで光らせているのでは？と思うほど、どこまでも透きとおっていてまぶしい。そして、ここでは生物の存在を感じない。そんな印象がした。

これから、目の前の蒼い海からは想像もできない、暗く、冷たい、高圧の環境に自分の手がけたロボットを潜らせる。そう思うと、コネクタ1個、ネジ1本さえ、しっかり締めつけたか不安になる。ちょっとしたゆるみであっても、マリアナの水圧は見逃してくれない。私に深海探査機のイロハをゼロからたたきこんでくれた「親方」の教えを思い出しながら、何度も何度もチェックをし、ようやく今日を迎えた。

「潜航準備、用意よし！」

号令とともに、数トンもある巨大なロボットが船のクレーンにつり上げられ、真っ青な海へと降りていく。

「別索切り離し、ヨーイ、テッ！」

船のスピーカーから響く号令を合図に、ロボットは蒼い海へと吸いこまれていった。

甲板上でそのようすを見届けると、急いで船橋の後方にある指令室へ向かう。パイロット席にはすでに先輩が座って潜航作業をおこなっている。ロボットのカメラをとおしてモニタに映しだされる海の色で、指令室全体が淡い蒼に染まる。私は隣のビークル・パイロット席に座り、計器モニタを注視しながら、トラブルなく潜ってくれることを祈る。

クレーンで海へと降ろされるロボット

カメラの映像がしだいに蒼から濃紺、そして黒へと変化し、やがて何も見えなくなる。海底までは片道およそ2時間半。探査機からリアルタイムで送られてくる深度、水温、機体姿勢、ケーブル長、ロードセル荷重……、時々刻々変化するこれらの数値に異常がないか目を配る。どれかひとつでもおかしな数値を示せば、機体すべてに影響しかねない。陸上でどんなにうまく動作していても、水に入れたとたんに不具合が発生する場合もある。過去には海水中で発生する電気ノイズが原因でスラスタ（推進器）が誤作動を起こし、不具合箇所を特定するために何日も甲板上で徹夜したこともあった。今回は約1年かけて、そういった不具合もすべて見直した。細工は流々——と胸を張って言いたいところだが、本人としては「無事に海底まで行ってくれ」という思いしかなかった。おそらく、となりにいる先輩も同じ思いだろう。ことば少なに、ふたりでモニタを注視しつづけた。

そしてお昼前、ようやく海底から高度100mの位置に到達した。カメラにはまだ海底は見えない。いったん潜航を止めて、つぎの作業に移る。この探査機はランチャー・ビークル方式とよばれる世界でもめずらしいシステムで、大型の親機（ランチャー）と小型の子機（ビークル）で構成される。ランチャーとビークルは約200mのケーブルで結ばれており、この深度でビークルはランチャーから切り離され、単独で海底をめざす。私はこのビークルのパイロットの担当だった。

「I have.」

そう告げて、操縦桿を握る。

「離脱スタンバイOK。ビークル下降、フルとした」

ランチャーから速やかにビークルを離すため、ビークルの上下降スラスタを最大出力で回転させる。

「了解、ビークル嵌合装置、脱とする。ヨーイ、テッ！」

先輩がボタンを操作すると、ランチャーがビークルを引きとめている装置がじょじょに開き、映像からはビークルがフラフラとしはじめたのがわかった。

「2次ケーブルくり出す、ヨーイ、テッ！」

続けてランチャーとビークルをつなぐケーブルがじょじょにくり出される。同時にビークルの深度計の値が変化し、海底に向けて下降をはじめたことがわかった。ここまでトラブルなく潜れている。海底まであと100m……90m……10mまで来たとき、ビークルのカメラ映像がうっすらと明るくなったのがわかった。投光器の灯りが海底に反射しているのだ。

「下降、スロー」

ビークルの下降速度を落とし、じょじょに、じょじょに、じょじょに、海底に近づく――そして、着底。

慎重に慎重を重ねて着底させたが、海底は想像以上にやわらかく、舞いあがった泥で画面が真っ白になった。しかし、むやみに動きまわると事故につながりかねない。その場でしばらくビークルを着底させ、じっと待つ。機体が動かないように操縦桿を握る手に力が入る。

その後も海底を這うようにビークルを進め、観察をおこなったが、正直、何分くらい海底にいたのか、まったく覚えていない。あっというまに離底する時間となり、ふたたびビークルをランチャーに結合させ、船上に回収すべく上昇を開始した。ここにきて、ようやく操縦桿から手を離し、どっと安堵が押しよせる。「自分はホントにマリアナに潜ったのだろうか?」——そんな気持ちにさえなるくらい操縦に必死で、「いま、自分の手がけたロボットを自分の手でマリアナに潜らせている!」などという感傷に浸る余裕すらなかった。

そして、これとまったく似た状況を4年後に体感することになるのだが、船上にもどってきた探査機をつぎの潜航に向けて整備している私には、このあとに起こる奇跡のようなできごとは想像すらできなかった。

まさか、幼少期からの夢だった南極に行くことになるとは——。

深海ロボット、南極へ行く　目次



1章

# 深海ロボット、南極をめざす

## 2章 深海ロボット、南極に立つ

# 1章
# 深海ロボット、南極をめざす

いざ、南極へ！
……のまえに、
まずは深海へ——

# 1 深海に潜ったら、南極が見えてきた

## しらせの模型に導かれるように

私がはじめて「南極」と出会ったのは、おそらく生まれてごくまもないころだと思う。それも、恐ろしくまもないころ。ひょっとすると生後数か月だったかもしれない。船が好きだった父の影響で、家のなかには船の模型がたくさんあり、生まれながらにして船に囲まれた生活を送っていた。

そんな模型のなかに、ひときわ目を引く船があった。重い灰色の船と違い、それは鮮やかなオレンジ色の船だった。物心ついたときには、その船の名が「しらせ」で、南極に行く船ということを、刷りこみのように覚えていた。もちろん、そのときは南極に行くことがどれほどたいへんなことかなど想像もつかなかった。寒くて、ペンギンがいて、オーロラが見える、そんな、両親から聞いたり絵本で見たりした知識しかなかった。どれくらい寒いのか。何種類のペ

ンギンがいるのか。オーロラはなぜ起こるのか。そんな科学的なことを考えもせず、ただ、オレンジ色の船のカッコよさと南極ということばに非日常を感じて魅了されていたのだろう。

小学校に進み、体も大きくなるにしたがって、家にある小さな模型に飽きたりず、もっと大きな船をつくりたくなった。「南極」「しらせ」の何かに魅了されていた云々ではなく、とにかく大きなしらせをつくりたいという、ほぼ物欲に近い衝動だったのかもしれない。いや、ひょっとすると父の「同じ趣味に走らせる」という思惑にまんまとはまっただけなのかもしれない。当時、小学校4年生だった私は、夏休みの工作として巨大なしらせをつくってしまったのだ。建築デザイン系の仕事をしていた父のおかげで、家には材料や工具が山ほどあった。スチレンボード、マニラボール紙、巨大なカッティングマット、自分の身長と変わらないくらい長い金尺などなど。これらを使ってできた巨大なしらせは、子どもが両手を広げてやっと持てるサイズとなった。物欲を満たした私は、リビングに置かれたしらせを満足げに眺める日々を送った。

そんなある日、母が、本物のしらせが地元の港に寄港するという話を聞いてきた。いまは船の一般公開やイベントの情報などはインターネットで手軽に入手できるが、当時は関係者や知人から人づてに聞くくらいしか情報がなかった。ましてや、研究船や自衛隊の艦船の一般公開などはほとんどおこなわれていなかったし、興味をもつ人もごく少なかった。なので、そんなレアな情報を船好きが放っておくわけもなく、その日は朝から車にしらせの巨大模型を積み、一家そろって見学にいった。しかし、初対面の実物のしらせを見てどう思ったかなんて覚えてはおらず、ただ、しらせの巨大模型を持って実物のしらせの前で写真を何枚も撮ったこと、そして、その光景に興味をもった自衛隊の方たちに囲まれて、「大きくなったら南極行きたい？」とか「将来、いっしょに行こう！」とか、いまの自分が子どもたちにかけることばと同じことを言われたことしか記憶にない。

　このしらせとの出会いから25年後、まさか、ほんとうに南極に行くことになるとは——。当時の自分や家族は1ミリも想像していなかった。でも、ほんとうに南極に行くことができたのだから、いまだに夢を見ていたような気持ちにさえなる。

## いつか南極に行きたい

「南極」という夢に出会った小学生が「25年も一途に思いつづけてきた」というほうがドラマティ

しらせの前で、自作の模型を手に記念撮影する著者

ックかもしれないが、自分が南極に行くまでの25年間、強い思いをもちつづけていたかというと、まったくそんなことはない。じゃあ、しばらく頭のなかから消えていたかというと、そういうわけでもなく、近くの港でしらせの一般公開や南極関連のイベントがあるたびに見学にいったりしていた。しかし、やはり大きくなっていろんな知識が増えるにしたがって、南極が自分には遠い存在に思えてきた。とくに、大学生のときに舞鶴に見学にいったときには、「いつか南極に行きたい！」というかつての思いは、「死ぬまでに行けたらいいなあ」と、少しトーンダウンしていた。

そもそも、南極にはどうすれば行けるのかという、もっとも重要な情報が成長期に抜け落ちていたのも原因にある。私が幼少期を過ごした地方都市では、南極にふれる機会も少なかった。しらせの一般公開も毎年同じ港で実施されるわけではなく、何年かに一度、近隣の他府県の港にやってくるのを新聞などでチェックして見にいくというレベルだった。しかし、そうやって見にいったしらせは、自衛官の方が艦内を案内するのみで、いまになってみれば、「観測隊員」という存在を知るには、ここにもハードルがあるように思う。

また、じゃあ、熱意をもって南極について調べたかと聞かれると、大きな声で「はい」とは言えないのが正直なところである。やはり南極に対して、勝手に「遠い存在」に感じていたこともあるが、いまのようにインターネットで容易に情報が入手できる時代ではなかった。何かを深く調べようにも資料や手段が限られていて、研究者と触れあえるような子ども向けのイベントも、いまのように多くはおこなわれていなかった。

そんなこともあり、いつしか南極よりも「深海」に興味をもつようになり、大学では深海調査をテーマに研究をしていた。さらに、当時の私には、深海と南極が頭のなかでつながらなかった。そのため、自分にとって身近なテーマである深海へと関心がシフトしていくのは自然なことだった。そうして、「いつか南極に行きたい」という思いは、「いつか自分のつくった探査機で深海の景色を見てみたい」という思いに変わっていた。

とはいえ、社会人になってからも、しらせの一般公開や、東京国立科学博物館での南極特別展（2006年）などには自然と足を運んでいた。すでに企業戦士として地方都市で働いていた私にとって、南極はきっと、ほとんど手の届かない「あこがれ」のような存在になっていたのかもしれない。あるいは、幼いころに夢見た世界を身近に感じることで、「いつか」という思いを忘れないようにしていたのかもしれない。

## 深海探査機を自作するには

こうして私は、ある時期から深海探査機の開発に取り組むようになった。いまから20年以上もまえ、大学1年生のころには、「いつか自分のつくった探査機で深海の景色を見てみたい」という思いを実現すべく、独学で水中探査機をつくろうと試行錯誤の日々を過ごしていた。水中探査機に関していえば、当時もいまも教科書や参考資料はほとんどなく、インターネットすらあまり普及していない時代で、気軽に論文を検索することすらできなかった。まさに手探りで水中探査機をつくろうとしていたのだ。

海や湖で使うには電源が必要だけど、エンジン発電機なんて持っていない。じゃあ、バッテリで動くしくみにしないといけない。でも、カメラはバッテリで動いても、リアルタイムで映像を映しだすテレビモニタには電源がいる。当時はバッテリで動く小型のモニタは高額で買えなかった。さらに、これらの機器を封入する防水ケースはどうするか、スラスタ（推進器）は深度が増すにつれてシャフト部から浸水するんじゃないか……、いまとなっては、容易に解決策が思いつくような些細なことも、当時の自分にはすべてが難題だった。しかし、これらをひとつひとつ解決していくなかで、だんだんと水中探査機の構造を理解でき、試行錯誤したことで、お金をかけずにつくる方法を見出せたと思う。

ところが、水中探査機の開発には、さらに長い道のりが必要だった。どんなに試行錯誤してつくっても、しょせんは素人がつくったオモチャなのである。ふだんは容易にうかがい知ることのできない水のなかを、探査機という道具を使って見る術を手に入れると、つぎはもっと遠く、もっと深くに潜りたくなる。

じつは、人類の潜水の歴史もそうして進化してきた。人類で最初に潜水調査をしたのは、かの有名なアレキサンダー大王（紀元前356年～紀元前323年）だといわれている。最初はお寺の釣り鐘のような形をした樽型のガラス瓶のなかに入り、船からつるして海底を観察したていどだったが、もっと深くへ！　という思いから、人類はさまざまな潜水具を生みだしてきた。人類は古来、海中という未知の世界に魅力を感じてきたのだ。

海は、水深200mも潜ると、光が急速に衰えて漆黒の世界となる。強力な投光器をもってしても、十数m先を見るのもやっとである。さらに海底に到達すれば、ふだん、われわれが食卓で見ているような魚とはまったく異なる形状をした生物が数多く見られる。はじめて見る深海の景色は、どこを切りとっても驚きと新鮮さに満ちあふれている。

しかし、そんな深海に潜るには、素人が独学でつくったオモチャではとうてい太刀打ちできない。世界最深部である水深1万911・4mのマリアナ海溝なんて夢のまた夢どころか、外洋に出ただけで波にもまれて、あっというまに木端微塵になってしまう。水中に潜る探査機に求められるのは、なによりも水圧に負けない強度。マリアナ海溝最深部では、1平方cmにかかる圧力は1トンを超えるのである。これは人差し指の先に軽自動車2台が乗っかっているのとほぼ同じ状況で、さらに、水中なので四方八方からこの圧力がかかる。常人なら指が砕けるだろう。

そんな水圧に悩まされるパーツとしては、スラスタが挙げられる。スラスタはモータのシャフトにとりつけたプロペラを回転させて推進力を得る装置である。水中探査機に使うモータは、大きく分けると「油圧で動くタイプ」と「電気で動くタイプ」の2種類が存在するが、前者は油圧を発生させるポンプが必要となり、システム全体が大きくなるため小型の探査機ではあまり利用されない。そうなると、電気で動くモータを使ったスラスタが選択肢として残るが、電気製品を海水に浸けるとバチン！　とショートして壊れてしまう。そのため、水中探査機は「耐圧容器」とよばれる水圧に耐える容器のなかに電気部品を格納する。

しかし、スラスタはプロペラを回して海水を攪拌（かくはん）して推力を得るため、プロペラとモータをつなぐシャフト部分は海水中に暴露することになる。さらに、シャフトは回転する。回転するということは、その部分は可動式である。ようするに、可動部から水が入るのだ。これを解決するには、マグネットカップリング方式や均圧方式などいろいろな方法があるが、当時の自分にこんな高度な技術は皆無だった。

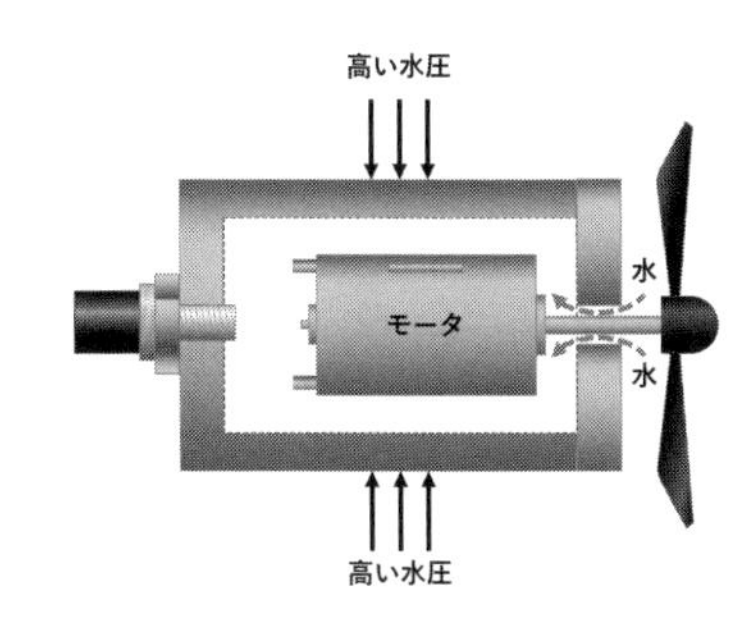

スラスタの構造。モータのシャフト部の防水対策がされていないと、モータ内部に水が浸入する

そこで、「いつか自分のつくった探査機で深海の景色を見てみたい」という思いを実現すべく、国の海洋研究機関である海洋研究開発機構（JAMSTEC）の門をたたいた。そのころは、ちょうど大型の作業用探査機の新規開発がはじまったところで、その開発チームに配属となった。

チームには、深海探査機の運航長を20年以上も勤めあげた、まさに「親方！」と呼びたくなる師匠のような方がいて、重作業用探査機の開発から運用、さらには、親方が長年培ってきた水深1万１０００ｍに潜るためのノウハウに至るまで、ゼロから学ばせてもらった。まさしく教科書にもネットにも載っていない、それは活きたノウハウだった。それまで独学で勉強してきたため、私は現場ではなんの役にも立たず、師匠からすれば足手まといな存在だっただろう。それでも、毎日毎日、いっしょに作業をするなかで、本物の深海探査機をつくり、運用し、守るということの難しさを、身をもって教えてもらった。

２０１４年には、自分が担当した探査機で、念願だったマリアナ海溝での潜航を経験することができた（プロローグ参照）。このとき、いっしょに探査機のパイロットとして乗船していた先輩は、花形ともいえる探査機本体のパイロットを私に任せてくれた。「自分で整備したんだから、最後まで自信をもってやればいい」と言って、サポートしてくれた。

それまで、ほかの深海探査機でも、幾度となく深海のようすは見てきた。しかし、そこではどことなく既視感を感じていた。ＲＯＶ（アールオーブイ）とよばれる水中探査機は、機体に搭載しているカメラで撮影した映像を船上のテレビモニタでリアルタイムに見ながら操縦するしくみである（詳細は後述）。そのため、目の前にあるモニタに映しだされる映像には、どことなく既視感を覚えるのだ。ところが、同じＲＯＶでも、じっさいに自分で操縦して見る深海は、それどころじゃないのである。カメラ映像のモニタだけを見ていると事故を起こしてしまうため、パイロットは探査機から送られてくるさまざまな環境情報をつねに確認しながら操縦しなくてはならない。探査機の海底からの高度、方位、傾斜角、ケーブル張力など、時々刻々変化する水中での状況を把握しておかなければならないのだ。正直、どれくらいの時間、海底にいたのかなんて、まったく覚えていない。あっというまだったように思う。もったいない話だ。

しかし、この経験が自信につながったことは言うまでもなく、こうして、深海調査機器の技術者としての道を本格的に進むようになった。

## 南極のスペシャリストとの出会い

2015年、自身の研究の拠点をJAMSTECから東京海洋大学へと移した。ひき続き深海の世界にどっぷりと浸かりきっていたその夏の終わりかけのころ、仕事で知りあったふたりの知人から、ほぼ同時に連絡があった。よくよく話を聞いてみると、同じ食事会へのお誘いで、なんでも、以前に自分が「会ってみたい」と話していた、南極の生態系を研究している研究者が参加するので、ぜひ来てみないかということだった。

その研究者とは、国立極地研究所（以下、極地研）のAさんで、若くして南極や北極に何度も行っていて、世界的な科学雑誌にも連載を執筆していた。同じくその雑誌の記事を執筆していたのが、食事に誘ってくれた知人のひとりだったので、Aさんの話をいろいろ聞いて「いつか会って話を聞いてみたい！」と話していた。それが、思いのほか早く叶ったのだった。だから断るわけもなく、サインでももらおう！　と、喜び勇んで彼女の書いた本をカバンに入れて食事会へと出かけた。

東京の四谷三丁目で催された食事会には、顔の広い知人ふたりがいろいろな業界の人に声をかけていて、総勢7人が集まった。Aさんの南極話を聞こう！　と集まったはずが、あまりにおもしろい経歴の人が多すぎて、アフリカでサルの群れに追いかけられた話や北極で犬ゾリをヒッチハイクした話など、閉店まで話題がつきなかった。そうなると当然「第2回もやろう！」ということになり、その日はお開きとなった。もちろん、持参したAさんの本にもちゃっかりサインをもらった（じつはこれが人生初のサイン本になった）。

それからもたびたび、異色メンバーが集まっての座談会があり、あるとき、Aさんから「後藤さん、南極用のROVってつくれる？」という話が出た。くわしく聞いてみると、2016年から実施される南極観測において、昭和基地近くに点在するさまざまな湖沼に水中探査機を潜らせたいということだった。これまでに市販品の購入も検討したそうだが、市販品では重すぎて持ち運びができないうえに、追加できる機能（自動車のオプションパーツのようなもの）なども限られている。さらに、日本には小型ROVのマーケットがほとんど存在しないため、限られた予算では海外製を輸入するしか方法がなく、輸入代理店では改造を請け負ってくれず、ほしいデータがとれないということだった。そしてなにより、高額であることがネックとなっていた。

国の南極観測事業というからには、きっと多額の予算がついているのだろうと思っていたが、じつは極地研の個々の研究者は、大学などと同じく科研費などの外部資金や助成金に応募して研究費を得ているとのことだった。そして、その資金から観測機器のメンテナンス費用や観測地への旅費などを支出するため、ROVなどの新しい研究ツールに投資したくても、予算があわないという現状があった。それでも、いつかROVを使った観測ができればと考えていたそうだ。

これまで、あこがれはあっても縁遠い存在に感じていた南極に、自分のつくった探査機が潜ることになるかもしれない。その一心で、「やります！」と、詳細も聞かず喜び勇んで返事をした。これまで手がけてきた深海とは違う極限環境に潜る探査機をつくるには、どのような技術課題があるのかなど、このときはこれっぽっちも気にしていなかった。過去には水深200mクラスの小型ROVを開発した経験もあり、その応用でつくれるだろうくらいに考えていたが、案の定、大あまだった……。

## 動きだした南極用ROV開発計画

2016年4月、極地研のAさんから、「研究室に行っていいですか」との連絡があった。まえに話していたROVの開発について相談に乗ってほしいという、うれしい連絡だった。

４月下旬、研究室で膝をつきあわせて「まじめ」に話をすることとなった。いつもは食事の席で大勢でギャーギャー言いながら話しているのが、この日は、知りあってからはじめて、おたがいに研究者としての顔で、南極調査の現状や探査に求められる要素などの話をした。

今回、Ａさんが調査するのは、ずばり「湖」である。南極と聞くと、一面を白い雪氷に覆われた世界を想像しがちだが、昭和基地がある宗谷海岸沿岸には、雪に覆われない露岩域とよばれる地域が存在する。とくに夏季には雪が解けて岩肌がむき出しとなり、雪解けの水が流れて川をつくる。そして、窪地には水がたまって大きな湖ができる。しかし、南極の湖はかならずしも氷の雪解け水が流れこんでできたものだけではない。地殻変動により海底が隆起し、窪地に海水がたまったままとなった「塩湖（えんこ）」や、土砂や岩などでふさがれてできた「堰止湖（せきとめこ）」、大陸上の氷河や氷床が動くことで形成される「圏谷湖（けんこくこ）」や「涵養湖（かんようこ）」などがある。

これらのなかでも後者ふたつの湖は、とけた雪氷が流入してできた、いわゆる「真水の水たまり」であることから、生物などの生息は確認されてこなかった。しかし、１９９９年に極地研のＩ博士が、スカルブスネスとよばれる地帯の湖に調査で潜ったところ、湖底一面に生物が生息していることを世界ではじめて発見した。その生物は、藻類、コケ類、シアノバクテリアを主体としており、その後、同じスカルブスネスの「くわい池」と「長池」にも生息していることが確認され、「コケボウズ」と命名された。Ａさんは、この「コケボウズ」を長年研究していて、今回の調査隊ではＲＯＶを使った個体計測や分布状況の調査ができないかと考えていた。

生物の分布や大きさの計測をするのは深海探査機でも経験があるため、それほど難しいことではなかった。大きさの計測は3Dカメラを使えば可能だし、分布状況の確認は湖底の連続写真を撮影することで把握することができる。これは「ハビタット・マッピング」という手法で、「生物の棲みやすい場所」を可視化するさいにもちいられる。深海調査では三陸沖などの生物状況の調査で使われており、深度ごとに「どのような生物が」「どれくらいいるのか」といった情報とともに、その場所の水温・塩分濃度・溶存酸素量などをカラースケール化して地図の上に重畳させていく。これによって、生物が「なぜそこに集まるのか」といったことが見えてくる。今回はこの手法を利用して、湖沼の等深線図に湖底の連続写真を重畳し、さらに、光のスペクトルや水温、溶存酸素などのデータをカラースケール化したものを重畳させることで、「コケボウズ」の深度ごとの大きさ

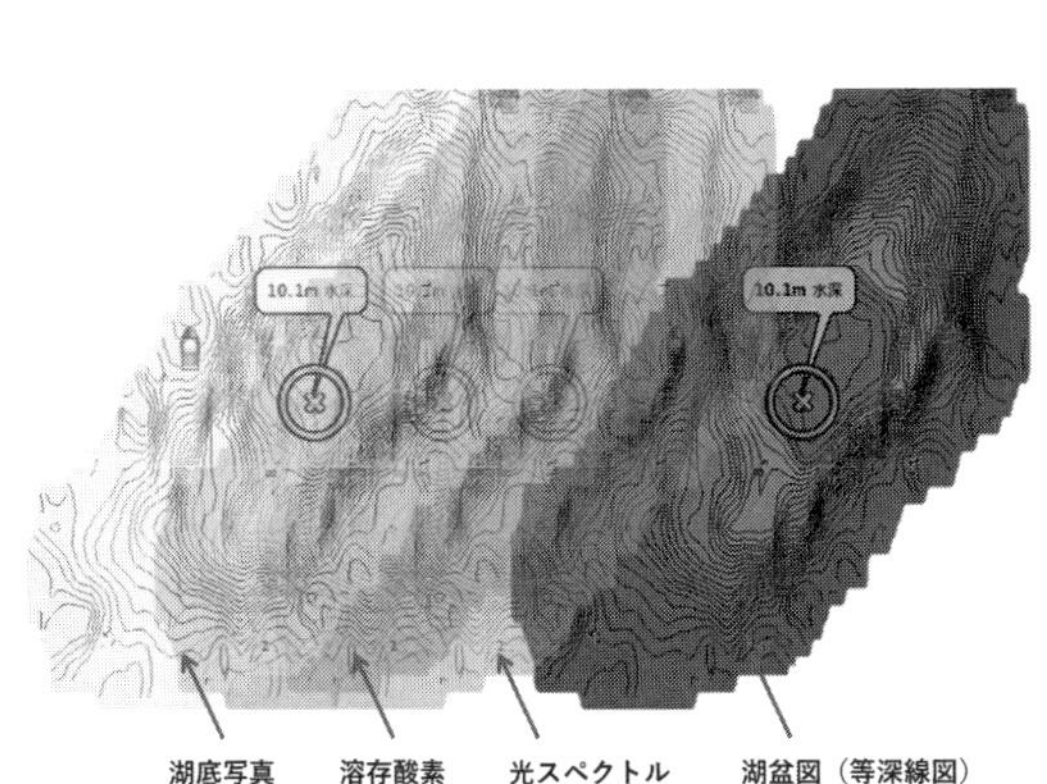


ハビタット・マッピングのイメージ。基礎となる湖盆図（等深線図）の上にさまざまな観測データを重畳させて、生物の棲みやすい場所、棲みにくい場所を地図として可視化する

や密集度を明らかにすることにした。

## ロボット屋だけど生物屋

JAMSTECで深海ロボットの開発に取り組んでいた2014年ごろ、同じ研究所内の生物部門の研究者から声がかかり、深海の生物研究に使う調査機器の開発を担当するようになった。これまでつくってきた探査機も、大まかに考えれば「生物研究に使う機器」だが、通常、深海探査機は最低限の機能しか搭載していない。それは、生物調査だけでなく地学調査や工学的実験などもおこなうプラットフォームとして考えられているためである。そのため、ちょっと変わった調査や実験をしたい場合には、研究者が自身の目的にあった機器を持ちこみ、探査機にとりつけて実験や調査をおこなう。そのため、深海探査機のしくみや運用方法がわかっていないと、せっかくつくったのに探査機に搭載できない！　といったことも起こりうる。そこで、私が生物学者のやりたいことをヒアリングして、それに見合う機器を開発するという、企業のソリューション事業のような役割を担うことになった。

とはいえ、生物の知識なんて高校の授業で習ったていどで、以降、とくに専門的に学んだわけではないため、最初の会議では、異国に来た旅人状態だった。ダメだ……研究者の会話が何ひとつ理解できない……。おまけに、最初に担当した装置の目的がとびきりやっかいだった。

「いるかいないかわからないんだけど、たぶんいると思う生物の構造を壊さず持ち帰ってほしい」

オバケか何かですか――？　一瞬、そんなツッコミが頭をよぎったが、これが自分の任務だと思うと、ふざけてる場合じゃない。いるかいないかわからない生物をどうやって捕まえる？しかも、生物構造を壊さず？　そんなことが可能なのか？　失敗すれば、目の前の研究者の人生を壊すことになる……。

「すみません、想像がつきません……」

こうして、生物研究者の要望を実現する調査機器の開発担当としての日々がはじまった。

とにかく、いまの知識だけではまったくの役立たずである。生物をゼロから学びなおす必要があった。さいわい、生物部門の親分は温厚かつ気さくな人柄で、ふつうなら「アホか？　コイツ」と思われるような超初歩的な質問にもていねいに答えてくれた。RANレータとは？　シークエンサーとは？　深海生物と表層生物の違いとは？……などなど。そのかいあって、半年もたつころには会議の内容がひととおりは理解できるようになっていて、「いるかいないかわからない生物を捕らえる機器」もあるていどは見通しがついていた。

そんなころ――

「後藤くーん、サメ採り行くよ！」

ふつうに生活していると、おそらく一生耳にすることがないであろうことばとともに、新たな装置開発を担うこととなった。新たな任務は、深海の頂点捕食者「トップ・プレデター」を解明するための装置開発だった。

アフリカのサバンナの頂点捕食者にライオンなどの肉食動物がいるように、深海にも生態系ピラミッドが存在し、頂点捕食者がいるはずである。海の浅い場所であれば、大型のサメやクジラ、シャチなどが思いつくが、深海となると、いったい何が生態系ピラミッドの頂点なのかがわかっていない。おまけに超深海では圧力と塩分濃度の関係で脊椎を形成するリン酸カルシウムが安定しにくくなるため、マリアナ海溝などでは脊椎を持つ魚類がいなくなるとされている。つまり、陸上では地域によって頂点捕食者が異なるのと同様に、深海でも深度によって頂点捕食者が異なると考えられ、この謎を解明すべく、駿河湾でのトップ・プレデター調査に参加することとなった。

朝4時――まだ真っ暗なうちから調査ははじまる。深海漁を専門とする漁船に乗りこみ、深海底はえ縄という漁法で水深数百mにいる深海ザメを釣りあげる。何百本もの針に餌の小魚をつけて海に流す。漁師さんは、テレビなどにもよく出演している熟練の方で、軽快なトークとともに手ぎわよく漁が進んでいく。午前中に仕掛けを入れて午後に回収する。日によってとれる魚の種類も数もバラバラで、多いときはサンプルの計測や管理タグをつける作業で甲板上が終始あわただしくなる。とくに、めずらしい深海ザメが上がってきたときには、

「ゴジラだあっ！」

体長1mほどのモミジザメ（上）とヨロイザメ（下）。

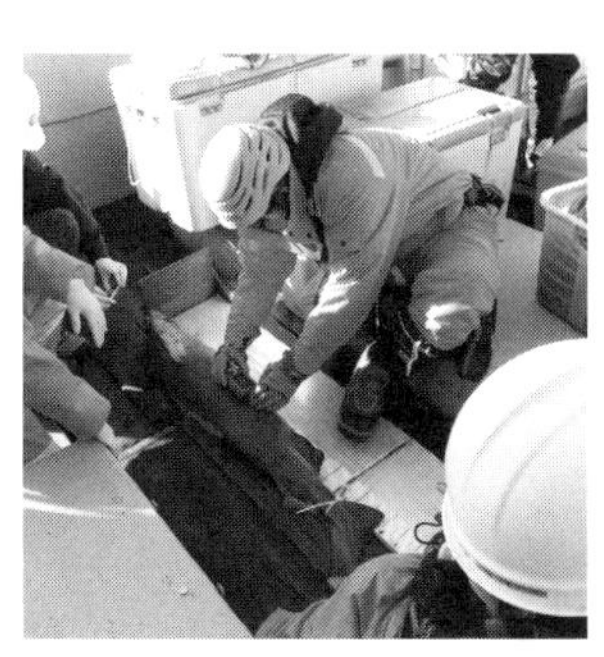

採取された深海ザメはすぐに管理番号がつけられて、低温保存される

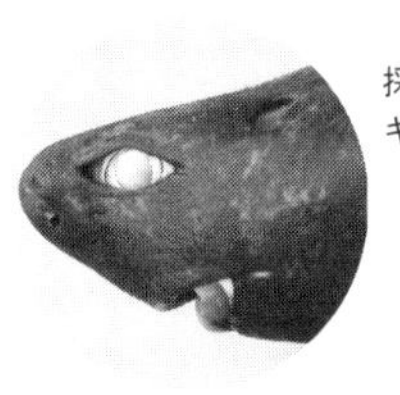

採取されたばかりの目の色はキレイなエメラルドグリーンだ

と、漁師さんが大きな声で知らせてくれ、みながいっせいに水面に見入る。そのため、おのずとサメの種類や名前にもくわしくなる。ちなみに、ゴジラとはヨロイザメの通称で、真っ黒でゴッゴッした皮膚をしていることから、そうよばれている。一見すると、ユメザメやモミジザメとの区別がつきにくく、私も当初はまったく違いがわからなかったが、何度も何度も調査に参加していると、自然と違いがわかるようになっていた。

採取したサメはDNAを解析して、生態系のどこに位置するかといった分類をおこなう。しかし、この方法を続けていると、「生態系を解明するために生物を採取する」という矛盾が起こってしまう。そのため、生物から非致死的にDNAサンプルを回収する装置を開発することが最終目標だった。

そしてついに、装置の完成！——よりもさきに、新種の生物発見に私の名前が載ることになった。もちろん、生物に自分の名前をつけるなんておこがましいことではなく、新種であることを証明する学術論文の共著者として名前が掲載された。「ヨコヅナイワシ」と命名されたその新種の生物は、解剖の結果、胃のなかから魚類を餌としていた痕跡が見つかり、駿河湾のトップ・プレデターの一部であることがわかった。

深海ロボット工学というまったくの異分野から来た私が新しい生物の登録に立ち会えた、まさに奇跡のようなできごとだった。

# 2　南極用ロボット開発、始動

## 使える機器を、安く、早くつくらねば

話は、南極用のROV開発にもどる。

これまでかかわってきた深海とはまた違う極限環境、しかも、いちども行ったことがない場所。そんな南極の湖に潜るROVをつくるには、どのような技術課題があるのか。正直、まったくわからない。ならば、悩んでいてもしかたない。片づけられる、考えられる課題から解決していくことにした。研究者としてどうかと思うが、現地でトライ&エラーができないぶん、日本で思いきりトライ&エラーをして、洗いだしたエラーにひとつひとつ対処しておくしかなかった。

そこでまず、大きな課題としては、今回のROV開発にはお金がかけられないことだった。これは大問題。正直、ターボつきの軽自動車も買えないくらいのお金しかなかった。一方で、

ぜったいにお金がかかる部分も存在する。それは「製作」と「設計」である。「製作」はその名のとおり、部品を組み合わせてROVに仕上げていく工程であり、「設計」は使用環境や制約条件などを加味しながら、利用者にとってユーザーフレンドリーかつ最適な機器をつくりあげていく工程である。

そのため、機器の設計は、その分野の経験者が主導しておこなうことが多い。たとえば、水中機器で使用する金属にはアルミやステンレス、チタンなどがあるが、これらにも使用上のノウハウが必要である。アルミは加工がしやすく安価というメリットがあるが、海水中では腐食してしまう特性をもっているため、アルマイトという防蝕処理をしなくてはならない。さらに、じょうぶなチタンと同等の耐圧性能を得るためには、肉厚を大きくする必要がある。一方で、チタンは軽くてじょうぶだけれども高額という特徴があるが、使用する深度（耐圧）によっては、アルミよりも薄くできることから金額が抑えられることもある。

こういったノウハウを有する経験者が設計をすることになるが、特殊性が高い水中機器の知識や技術を持ちあわせている企業や技術者はきわめて少ない。ましてや、経験したことないものの製造となると、何に注意を払うべきかなど想像がつかない。企業に発注するさいの「仕様書」に「マイナス20℃で使用可能なこと」などと書かれていても、マイナス20℃で使用する製品の開発経験がない設計者は、材料や部品の選定からはじめなくてはならず、時間がかかって、「設計費」がどんどん増えていくことになる。

さらに、今回のROV開発において、開発費と同じレベルで逼迫(ひっぱく)していたのは、開発期間である。Aさんから依頼を受けたのが2016年4月末。しらせへの積みこみリミットは11月上旬。実働としては5か月を切っている状況だった。とくに水中機器は陸上での動作試験だけでは不十分なため、水槽や湖などの広い場所での実働試験が必要になる。この試験で一発合格する機器をつくれればいいのだが、往々にして不具合や改良点が見つかることが多い。そのため、不具合の修正や改修の期間を考えると、おおむね10月上旬にはできあがっている必要があった。

また、水中機器に使用する耐圧コネクターは国内ではほとんど流通しておらず、海外から取り寄せる必要があり、メーカーに在庫がない場合は納品まで3か月ほど待つことになる。電子機器を水圧から守る耐圧容器も加工に1か月ほど要する。さらに、部品がそろってから組み立てるのに半月。こうして考えると、部品選定や調達、組み立てにかかる時間だけでも2〜3か月は必要になる。水中動作試験を10月中旬と設定すると、設計に割ける実働時間はほとんどゼロに近かった。そのため、Aさんからヒアリングして、それを仕様書用のことばに変換し、企業に発注する作業をしていたのでは、とても時間が足りないのである。

幸い、私は過去に、まったく異業種の民間企業や深海探査機の開発現場も経験していたため、何を自分でやれば費用と工期が抑えられるのかというのは、あるていどわかっていた。企業に丸投げしてしまうと、どうしても工期が長くなり、費用も高くなる。さらに、企業はあくまでも「装置を安全かつ安定的に動作させる」という、ごくごく一般的な工学的視点を優先して開発をおこなうため、ユーザー（じっさいに使用する研究者）の意図が100％は伝わらず、結果として「使えない」機器ができあがってしまうことも、過去の経験でわかっていた。これを解決するには、まず、両者の立場に立って、「何をやりたいのか」「どこがゴールなのか」「どんな技術が使えるのか」「どこまで譲歩できるのか」などの情報を精査していく作業が必要になる。じつは、これが工学屋にとって苦手な作業で、理学系研究者の思いえがく装置を実現しようとすると、どうしても機構的制約や安全率が頭を支配しがちである。

そのため、今回もとにかく自分自身でAさんの研究を理解することからはじめた。過去に南極に行った人が書いた書籍を買いあさったり、湖沼調査の過去の論文を読みあさったりした。そうすることで、少しでも現地の状況を理解し、現地での運用に最適な装置が見えてくると考えた。さらに、そこから今回の調査に必要な装置の機能や形状を考案することで、その装置を「設計」することが可能だと考えた。そしてなにより、そうすることで「設計費」と「材料費」を削減することができるのだ。

## 南極ROV用ケーブルを共同開発

開発をはじめて数週間が過ぎたとき、AさんからROVに搭載する機器について打ち合わせにいこうと連絡があった。前回の打ち合わせのさいに、開発でネックになる部分としてこの機器のことを伝えていたことから、Ａさん自身でもいろいろと当たってくれていたらしい。午後から企業を訪問して、打ち合わせが終わったのはすでに夕方だった。その帰り道、Ａさんから衝撃の発言が出た。

「後藤さん、しらせがいいよね？」

じつは、Ａさんとは前回の打ち合わせ時に、「南極にいっしょに行けたらいいですね〜」という話をしていた。それを受けてＡさんは、来年出発するつぎの隊に私が参加できるよう関係各所と調整してくれていたのだ。まさかの事態の進展に驚いた。仕事が早い。ただ、観測隊員になるのは狭き門で、最終的には政府の決定が必要であり、しらせのベッド数も限られることから、結論はつぎの隊の出発直前までわからないという条件つきだった。それでも、南極にホントにホントに行けるかもしれないというだけで、踊りだしたくなるくらいうれしかった。

しかし、このとき、ＲＯＶ開発には大きな課題が残っていた。それは、ＲＯＶに不可欠なケーブルのメーカーがいまだに見つかっていないということだった。水中用のロボットケーブルは、陸上用のケーブルと違い、細径かつ軽量で引張(ひっぱり)にも強いという特徴が必要となる。国内のメーカーではほとんど常時生産をしておらず、最低１０００ｍからといった受注生産が主だった。そのため、ケーブルを買うだけで数百万円もの予算が必要で、研究機関などによっては、ＲＯＶは買ったけどケーブルがなくて運用ができないといった例も少なくない。一方、海外ではさまざまなROV用のケーブルが販売されているが、輸入関税などを入れると、1mあたりの単価は数千円から1万円くらいで、ROVケーブルだけで数十万円〜百数十万円が必要になってしまう。

そうしたことから、国内のさまざまなケーブルメーカーに相談して、なんとかつくってもらえる企業がないか探していたが、「将来性が見込めない」「保証ができない」「金額に見合わない」と、企業利益を考えれば、あたりまえといえばあたりまえの回答だった。そもそも、水中ケーブルを扱っている企業は少なく、思いつくかぎりの企業に連絡をしたが、あっというまに八方ふさがりとなってしまった。

そんななか、水中ケーブルとはまったく無関係な神奈川県のロボットケーブルメーカー「岡野電線」のHPにたどり着いた。HPの製品紹介を見てみると、引張（ひっぱり）や屈曲に強いケーブルを得意とするメーカーのようだが、水中機器についてはとくに記載がなかった。しかも、「ゴリラケーブル」や「ロボ・バウアー」といった、本気か冗談かわからないような、一見すると「オヤジギャクかい！」とツッコミたくなるような製品名が並んでいる。そんなHPになんとなく自分と「同じニオイ」を感じたのだろうか、ダメ元でHPの問い合わせ欄から、ほしいケーブルの仕様を送ってみた。すると、すぐに「いちどおうかがいして、くわしく話を聞かせてください」という回答のメールが送られてきた。正直、このときは「きっと話を聞いたらダメとなるのだろうな」という思いと、いままでのメールや電話で断られてきた企業と違う「おうかがいして」ということばへの藁をもすがる思いが交錯していた。

そのメールから数日後、岡野電線の営業さんと技術者さんが研究室に来られた。研究室内に置いてある中型探査機を見て「あ〜！　これが水中の探査機ですか！」と、とてもうれしい反応を示してくれた。そして、席に着くなり営業さんは、「すみません、何も知らないので、一から教えていただきたいのですが」と切りだした。私は、「いえいえ、こちらこそとんでもないご相談をして……」という気持ちで、今回のケーブルがROVという水中ロボットに不可欠な命綱であること、そして、そのROVが南極の湖沼に潜って「コケボウズ」の生態を明らかにするという重要なミッションを担っていることなど、くわしく話をした。

すると、「外気温は？」「露岩ということは擦れるとマズイですよね？」「細くするならAWG28番がいいですが、通信は確保できますか？」など、具体的な質問が出たかと思うと、「シース（外皮）はウレタンがいいですね。低温にも強いし擦れにも強い」「引張強度を出すには、通信線の周囲にケブラー（引張に強い素材）を入れましょう」と、営業さんと技術者さんのあいだでポンポンと話が進んでいく。

これは期待できる！　と思ったところで、「ちなみに、300mが当社の最小発注になるのですが……」と、営業さんが申し訳なさそうに切りだす。肝心な費用の話である。そう、技術的には可能でも、金額が見合わなければ、つくってもらえないのだ。恐る恐る、金額を聞いてみる。

「最小発注の300mで、おいくらくらいですか……」

　すると、営業さんは一瞬考えて、

「今回は当社としても共同開発的な要素が強いので、たぶん、1m単価は数百円じゃないかと思います」

「え?……」

　と時間が止まる。前述のとおり、海外製の水中ロボット用ケーブルの多くは、1m単価が数千円〜1万円程度である。だが、いま、目の前のケーブル屋さんの、しかもお金を算段する営業さんの口からは「数百円」という単語が出たのだ。1m数百円?×300m? 一瞬、計算ができない……。そして――

「マジっすか!?」

　こちらのあまりの驚きぶりに、営業さんも技術者さんも「?」という顔で見ている。よくよく話を聞いてみると、大手と違って設備的に「長物」はできず300mが限界なのだが、そのぶん、いろんなケーブルに対応することができるということだった。さらに、今回は南極で使用するロボットケーブルということで、使用環境の情報提供やROVとの通信試験などは共同での開発プロジェクトに近いことから、採算度外視でケーブル開発に取り組んでもらえることになった。ものづくりへの熱意を共有してもらえるとは、なんてステキな企業に出会えたのだろうと、うれしかった。

かくして、南極ROV用のケーブル開発がはじまった。水中機器のケーブルをつくるのに必要な技術情報や試験方法、南極での使用方法などを提供し、仕様書をつくってもらうと、1mあたりの重量は約100g、直径は11㎜となり、2か月後には世界にたったひとつの極地専用軽量・細径ケーブルが完成した。

## ひょんなことから超有名時計の開発者と知りあう

ケーブルの問題で頭を抱えていた5月上旬のある日、渋谷の大手テレビ番組制作会社でプロデューサーを務める知人が研究室を訪ねてきてくれた。このとき動いていた番組づくりに陰ながら協力していたこともあり、情報交換というか進捗状況の報告のようなことをときどきしていたのだ。彼は年齢はすごく上なのだが、若輩者の私にもとてもよくしてくれ、編集スタジオでの打ち合わせ帰りに近くにある模型屋さんにいっしょに行ったりする不思議な仲だった。

今後の撮影の流れの話や与太話をしていると、彼がふと、私が着けている腕時計を見て、「いつもPROTREK（カシオ計算機の腕時計）つけてますよね？」と聞いてきた。何を隠そう、いや隠すことではないのだが、私は、中学生のころからいまに至るまで、カシオの時計一筋でやってきた。しかも、PROTREKというシリーズをとくに愛用していた。そのことを話すと彼は、「PROTREKの開発者と友だちなんで、こんど遊びにいってみません？」と言う。

このときはふたりとも、「ノベルティでももらえればラッキー」なんて話をしていた。

　後日、カシオの時計開発部隊がある羽村市の開発拠点へ訪問することとなった。ROVの仕事をするようになって、いろんな企業におじゃまさせてもらうことが多くなってはいたが、あこがれのカシオ訪問ということでテンションも上がる。会議スペースに通されて、プロデューサーの知人である開発者のUさんが試作品などを持ってやってきた。挨拶もそこそこに、私の腕を見て、「お！　着けてくれてますね〜。しかもマナスル（PRO TREKのシリーズ名）じゃないですか！」と、うれしそうに話してくれた。話の最初のつかみが時計なのは、さすが時計屋さん。しかも、時計の機種を見て、つけている人の時計へのこだわりを一瞬で見抜くプロの技。そんな人に会えただけでもうれしかった。

「はて、なんのお話だったでしょう？」という雰囲気が会議室を包んだところで、まずは、私がこれまでにおこなってきたROVの調査や開発などについて、スライドと映像を使って説明することにした。すると、海底遺跡調査のときにROVで撮影した映像を見ていたUさんが、あるところに目をとめた。

「コレ、なんのためにつけてるんですか？」

　それは、映像の片隅に映っているダイビング用のマグネットコンパスだった。このときのROVは、数年前に開発したもので、今回の南極用ROVと同様に小型・軽量化が求められ、これまた同様に予算がなかったため、苦肉の策で、メインカメラで確認できる位置にマグネットコンパスをとりつけたのだった。

ROVをはじめ水中機器は、ひとたび水中に潜ってしまうと、自機の位置を確認する方法がおおむねふたつに絞られる。ひとつは、音響信号を使って自機の位置と船舶（または海底に設置した音響基準局）との距離を計算する方法。もうひとつは、探査機内部に搭載した「慣性航法装置（INS）」という内界センサを使って、加速度から移動距離を算出する方法である。

潜水艇や大型の深海探査機では、これらをあわせて搭載して自機の正確な位置情報を算出しているが、機体の大型化と重量化に直結する。さらに、音響装置は浅い海域で使用すると、音波が海底と海面で乱反射を起こして自機の位置を見失うことになりかねないし、慣性航法装置は内部の加速度をコンピュータで積分することで移動距離を算出するため、積分誤差が蓄積して、じっさいの移動距離よりも多く表示されてしまうというデメリットがあった。そのため、これらを搭載するには高度な処理技術が必要となり、限られた予算と小型・軽量化という制約が課された南極用ROVでは、選択肢にすら上がらなかった。

しかし、陸上と違ってランドマークとなる目印がない水中では、カメラを見ながら操縦していても、わずかな水流やスラスタの特性差などにより、じょじょにあらぬ方向に進んでしまう場合がある。目を閉じて、コースロープのない25mプールをまっすぐ泳ごうとする場面をイメージしてもらえれば、わかりやすいだろう。自分ではまっすぐ泳いでいるつもりでも、左右の腕や足の筋力の違いから、目を閉じてまっすぐ泳ぐのはかなり難しい。私はいちど小学校のときにこれをやって、プールの右端から左端まで行ってしまい、思いきり左腕をプールサイドにぶつけたことがあった。

そんなわけで、水中を航走する探査機にとっても、自機の進む方向や深度の情報を知る「航法装置」が重要になる。今回の南極用ROVでは、方位計は遺跡調査用と同じくダイバー用のマグネットコンパスをつけようと考えていたが、圧力計については、正直どうしようかと頭を悩ませていた。最悪、市販の圧力センサを買って、圧力値を水圧にデジタル変換して自作しようかとも思っていた。

## カシオのG-SHOCKがROVと合体?

そんなことをU氏に説明すると、自信に満ちた笑顔で「いいのがあるんです」と、1本の腕時計を出した。

「まだ発売前なんですけど、G-SHOCKのFROGMANっていうシリーズをご存じですか?」

「もちろん、PROTREK以外にG-SHOCKも持っていますので」

FROGMANとは、G-SHOCKシリーズのなかでも絶大な人気を誇るシリーズで、コレクターがいるほどなので、PROTREK派の私でもいちおうは知っていた。ただ、私にはＰＲＯＴＲＥＫを愛用する理由があった。それは、気圧計の存在である。トレッキングなどのアウトドアをサポートする時計として開発され、１９９５年の発売当初から、気圧・温度・方位が計測できる3つのセンサが搭載されていた。海で仕事をする私にとって、これはとてもありがたい機能だった。さらに、腕を傾けるだけでバックライトが点灯するオートライト機能があり、夜間に両手がふさがった状態で作業をしている場面などで、情報を確認するときにとても重宝していた。しかし、これまでのＧ‐ＳＨＯＣＫではオートライト機能はあるものの、センサを搭載したモデルは少なく、仕事上あまりマッチしなかった。

しかし、Ｕ氏はしたり顔で続けた。

「じつは今回のＦＲＯＧＭＡＮ、方位計と水圧計と水温計がついてるんです」

「えっ⁉」

この人は私の求めている機能を見抜いていたのか⁉ と思うほどのタイミングである。しかも、水圧計だけでなく水温計もついている。パーフェクトすぎる時計、いや、航法デバイスだ。しかし、いままでこうしたセンサ類を搭載していなかったＧ‐ＳＨＯＣＫが、なぜ今回のモデルから搭載したのか。そこが気になって、Ｕ氏に尋ねた。

「ええ、先生が来られるのを見越していて――というのは冗談で、これは、ある組織の要望をとり入れて完成したモデルなんです」

その組織では海難救助などの業務をおこなっており、日々、過酷な現場で作業をすることが多い。しかし、前述のとおり、水中では自身の位置を確認することが難しいため、隊員は周囲の状況を知るために市販のダイバーズウォッチを使っていた。ところが、市販品は数年でモデルが変わり、機能や使い勝手も変わってしまう。これでは、一刻を争う現場でとっさに操作しようとして、まちがえることもある。さらに、販売終了から一定期間が過ぎるとメーカーの修理が受けられなくなるというジレンマもあり、カシオに相談があったそうだ。

ちょうどPROTREKからG-SHOCKの開発担当に移っていたU氏は、これまでPROTREKの開発で培ったセンサ技術を駆使したFROGMANがつくれないかと考え、みずから潜水士の免許をとるなどし、徹底的に水中での時計の使い勝手を研究した結果、水圧・方位・水温が計測可能な時計を開発し、まさに世の中に送りだそうとしているところだった。

「さすがカシオ！」と思った。と同時に、このFROGMANをROVにつけられないだろうかという考えがわいてきた。ただ、それには問題があった。市販されている時計のセンサ計測機能は、内部のバッテリの消耗を抑えるため、おおむね計測開始から10秒程度でストップするものが大半である。ダイバーであれば計測ボタンをふたたび押せばいいが、深海を航行するROVでは計測ボタンを押すことができない。かりにボタンを押す機構をROVにつけるとしても、複雑な構造になることが容易に想像できる。そのため、私もことばにするのを躊躇した。

すると、そのことを察したのか、プロデューサーが質問を投げかけた。

「これ、南極用のＲＯＶに搭載できないですかね？」

「え？　南極に行かれるんですか？」

「ええ。私自身はまだ確定ではないんですが、ＲＯＶだけは行くことが決定していまして」

そう、このときはまだ自分が南極に行くかどうかは決まっておらず、ＲＯＶが自分のかわりに南極を見てきてくれると思っていた。しかし、いずれにしても、これまで書いてきたような解決すべき課題が多くある。そのことをＵ氏とプロデューサーに話すと、Ｕ氏が言った。

「たしかに、南極に行ったＦＲＯＧＭＡＮということになれば箔（はく）がつきますね。でも、おっしゃるとおり、計測は10秒そこらで止まってしまいます。かりに計測のリミットをはずしたとしても、ソーラー充電とはいえ、どれくらい動きつづけるか保証がありません」

Ｕ氏の言うとおりである。元来、ダイバーズウオッチは安全をアシストするデバイスであるため、電池切れにならないようダイバーの利用環境を考えたつくりになっている。リミットをはずしてバッテリの限界まで駆動させたとしても、ダイバーとは違い労働基準法を超えて動きつづけるロボットの稼働時間にはとうてい及ばないだろうことが予想された。前に進みかけたと思った南極用ＲＯＶの航法デバイス問題に、ふたたび暗雲が立ちこめた。それでもＵ氏は、つぎのように言ってくれた。

「でも、せっかく羽村までお越しいただきましたし、おもしろそうなお話なので、いちどチームに持ち帰って相談して、後日ご連絡させていただきます」

こうして、この日の打ち合わせを終了し、連絡を待つことになった。U氏の最後の救いのことばに期待をいだきつつも、ダメだった場合のことを考えると、残り5か月でROVを完成させなければいけないという現実が重くのしかかった。

数日後、U氏からメールが送られてきた。たった数日という早さからして、なんとなく内容が推察できた。少し重い気持ちでメールを開く。U氏の見た目どおりの紳士的な挨拶文に続き、少し行間を開けてこう書かれていた。

「先日の件、もう少しくわしくお話を聞かせていただけますか？　チーム内で話をしたところ、おもしろそう！　やってみよう！　と盛りあがりまして、よければ水中探査機に求められる仕様や環境など、くわしくお聞かせいただきたいのですが」

おや？　え？　これって――？　まだ「やる」とは書かれていないのに、小躍りしたくなった。

すぐさま返信のメールを書き、おたがいに何度も何度も情報交換をして、前代未聞のプロジェクトがスタートした。

後日、研究室を訪れたプロデューサーにそのことを話すと、「それは紹介してよかった。もしオリジナルモデルが発売されたら、寄付してもらいましょう」と冗談で話していたが、まさか2年後、あんなことになるとは、このとき、U氏もふくめてだれも想像していなかった――。

## 謎の単語が飛びかう南極会議

いろんな人のおかげでＲＯＶ開発にメドが立ったのは、夏の終わりが近づいたころだった。10月のある日、極地研のＡさんから、関係者の顔合わせをするので立川まで来てほしいと連絡があった。たしかに、このプロジェクトがはじまって以来、Ａさん以外にだれがかかわっているのかすら知らなかった。電車とモノレールに揺られて約1時間半ほどで、立川の極地研に着いた。Ａさんの部屋に行くと、Ｋさんという男性が座っている。Ａさんの上司にあたる、えらい人らしい。

「Ｋさんに今後のことをお願いしているので、私が出発したら、連絡をとりあって進めてくださいね」

Ａさんにそう言われ、Ｋさんと名刺交換をすると、「頼りにしてるから、よろしくね！」と明るく声をかけてくれた。Ｋさんは用事があるとのことで、すぐに部屋を出ていった。そうこうしてるうちに、今回の関係者と思しき人たち数人がぞろぞろとＡさんの部屋の前に集まってきた。さすがに部屋に入りきれないので、廊下の一角にある会議スペースにイスを並べて、会議がはじまった。

会議の話題は、関係者の自己紹介にはじまり、今回の調査のターゲットや過去の調査事例など多岐にわたった。意識のベクトルが同じ人たちの集まりなので、軽快に会議が進んでいく。が、そのなかで私はひとり焦っていた。いや、あとで聞いたら、2〜3人は私と同じく焦っていたらしい。

その理由は、「スカルブスネス」「スカーレン」「仏シリーズ」「きざはし浜小屋」「ショーワ」「デポ」「エーエス」……、なんのことかさっぱりわからない単語がつぎつぎに飛びだし、まったく話についていけないのである。いまではそれらが何を示すのかわかるが、南極初心者にとっては語学教室に通いはじめた初日のような気分だった。ひとつひとつのキーワードを尋ねて話の腰を折るわけにもいかないので、スマホを片手に必死に単語を探しながら会議に参加していたが、そもそも単語が正確に聞きとれていないのだから、どんなに調べても出てこない。

焦りに焦っていたある瞬間、地学チームのSさんが食事などの話をしだしたのがわかった。この時点で、「ショーワ」というのが「昭和基地」であることはわかるようになっていたが、Sさんの会話にはなぜか「ショーワ」という単語が出てこない。出てくるのは「ガスボンベ」「デポ」「テント」「ペール缶」といった聞きなれない単語ばかりで、頭のなかはパニック状態だった。南極どころか昭和基地にも行ったことがない身としては、「ガスボンベで何するの?」「テントって、何用のテント?」「ペール缶って、あのペールで合ってる?」と、必死に考えをめぐらせていた。

## 昭和基地じゃなくて野外で寝泊まり!?

やがて、だれかがこんな質問をした。

「だれか、メールできるイリジウム持っていくんだっけ?」

ここで不安が爆発し、となりにいたAさんに耳打ちで質問した。

「昭和基地って、ふだん、メールつながらないいんですか?」

Aさんが答えた。

「ショーワはつながりますよ。でも、私たちの行くきざはしには通信がないんです」

「え? 昭和基地に入るんじゃないんですか?」

「ええ。きざはし浜って場所にベースキャンプがあって、今回の観測地点に近いんです」

すると、そんなふたりのようすに気づいたのか、地学チームのSさんが全員に向けて説明をしてくれた。

「今回は昭和には入らず、きざはし浜にある小屋で寝泊まりします」

目の前が真っ白、いや、グラグラと視界がブラックアウトしそうになった。南極といえば昭和基地と思いこんできた自分にとっては予想外すぎる展開で、むしろ、南極に行く人全員が昭和基地で仕事をしていると思いこんでいた。ところがどっこい、われわれのチームは昭和基地に立ち寄ることもなく、きざはし浜にある観測小屋を拠点にして各観測地点へ赴くのだ——ということが、会議がはじまって1時間以上が過ぎて、ようやく理解できた。

とはいえ、人が生活する場所なので、ネット環境はなくても、風呂やトイレといったインフラは整っているんでしょ？　と思い、腰折りついでに恥を忍んで聞いてみた。すると、

「あ～、そこからかあ。風呂はないです。汗かかないんでくさくならないですし、ウェットシートがあるからだいじょうぶです。トイレは、ペール缶があるんで、みんなそこにしますよ」

と、Aさんの外見からは想像もつかないアグレッシブな発言がつぎつぎと飛びだす。すると、地学チームのSさんが思い出したかのようにAさんに問いかけた。

「そういや、小屋って、最大で何人寝られるの？」

「床を入れたら5、6人かな？」

「じゃあ、最大人数が来るときには、何人か外だね～」

と、言ったつぎの瞬間、Aさんが声を上げた。

「後藤さんはダメ！　ココ冷やすと死んじゃうから！」

そう言って私の首根っこをトントンたたいて示した。私は極度の片頭痛持ちで、首筋から肩にかけてを冷やすと、翌日は最強レベルのバファリンを服用しなければ片頭痛が治まらなくなるのである。ひどいときには半日くらい使いものにならない。Aさんがなぜそれを知っているのかというと、以前、四谷で飲み会をしたときにそんな話をして、えらく笑いのネタになっ

ていたのだ。よく覚えていてくれたものだ。

しかし、ここでまた疑問がわいた。以前、南極では「南極料理人」がいて、とても豪華な食事をつくってくれると聞いたことがあった。ネットもねえ、風呂もねえ、トイレもねえ、昭和の名曲を彷彿させる環境だが、料理はどうなるのか。思いきって聞いてみた。

「ああ、南極料理人ってのは越冬隊なので、夏のあいだは自分たちでつくります」

あああ〜、そういうことね。だからガスボンベね。あああ〜と、心のなかで複雑な気持ちが声を上げる。なぜ複雑かというと、なんとなく状況が理解できてきて安心する一方で、新たな不安が出てきたのだ。

早い話が、南極で野宿するってことだよね……？

南極で野宿。こんな破壊力のあるパワーワードは、人生であとにもさきにも出会わないだろう。いやいや、南極で野宿して、生きて帰れるのか？　いくら小屋があるといはいえ、2か月近くはいわゆるキャンプだ。これまでキャンプは何度かしたことあるし、ネット環境のない船に1か月近く乗船していたこともある。そのため、限定的な環境に対してはふつうのサラリーマンよりは多少耐性があると思っていたが、基本的には生活に困らないていどのインフラが整っていた。しかし、今回は生活に困るどころか、命の危険さえある。

完全に打ちのめされて白目をむいていたであろう私に、Aさんからトドメの一発がお見舞いされた。

「アタシは今年58次隊で、後藤さんたちみんなは59次隊なんだけど、後藤さん以外は先遣隊として飛行機で行くから、後藤さん、しらせへの物資の積みこみとか輸送とか、お願いしますね。あと、オーストラリアから大学院生も乗ってくるから、その子のサポートもお願いします」

もう、どんなメニューを追加されても「南極で野宿」に勝るものはないと思い、「がんばります！」と元気よく返事をしたが、それらの任務がどれだけたいへんなことか、まだわかっていなかった。

はたして、片頭痛にも打ち勝ち、無事に生きのびられるのか。まあ、この文章を書いてるので生きてはいるが、じっさいのきざはし生活で大波乱が待っているとは、このときの私には想像する余裕すらなかった……。

## そもそも南極地域観測隊とは

ここで、南極地域観測隊について、サラっと説明しておく。

南極地域観測隊は、日本政府の決定にもとづく国家事業で、隊員として参加するにはふたつの道がある。ひとつは国立極地研究所の観測系や設営系の隊員として、もうひとつは南極へ向かう海上自衛隊のしらせの乗組員としての道だ（報道関係者として、などの道もある）。観測隊員みんながら極地研に所属しているわけではなく、幅広い職種の人が参加しているため、観測隊は大所帯で、近年は総勢１００名近くになる。さらに自衛隊をふくめると３００名以上になる。

観測のベースは昭和基地だが、隊員全員が昭和基地で過ごすわけではない。私が参加した野外観測チームのように、昭和基地から遠く離れた観測地点で活動するチームも少なくない。内陸の「ドームふじ」基地や、この本に登場するスカルブスネス、ゆきどり沢などには日本の観測拠点がある。59次隊でいえば、2〜3割の隊員が野外で活動していた。ただ、私のチームのように滞在期間まるまる野外というのではなく、途中で昭和基地にもどるケースがほとんどだ。

南極での活動期間は、夏隊と越冬隊のどちらの隊員として参加するかで大きく変わる（私は夏隊）。どちらも毎年11月中旬から下旬ごろ、いっしょに日本を出発し、12月下旬ごろにしらせで南極に入る。そこから約2か月の南極での活動を経て、夏隊はしらせで日本にもどる。一方、越冬隊はそのまま昭和基地に残り、翌年につぎの隊が南極に来るまで、30名ほどで観測や基地保全業務を続ける。そして、つぎの隊が来て、観測を終えて夏隊が帰るときに、いっしょにしらせで日本にもどってくる。つまり、越冬隊は約14か月を南極で過ごすことになる。

また、近年では「先遣隊」という隊員もいる。夏隊と越冬隊が11月ごろに日本を出発するのに対し、先遣隊は10月下旬ごろに日本を出発する。先遣隊はしらせではなく、ＤＲＯＭＬＡＮという航空網を使って、飛行機で昭和基地に入る。そうすることで、本隊よりも1か月以上早く南極で観測をはじめることができるのだ。

# 水中探査機ミニ講義

## 水中探査機開発史

さて、ここまで、ROV（アールオーブイ）が何かはさておき話を進めてきたが、ROV＝水中ロボットであることはなんとなく想像できていると思う。しかし、具体的にどんなシステムかがわからないと、このさきの話がおもしろくないので、ここで少しROVについて解説しておこう。ただ、小難しい話は読みながら寝落ちする可能性があるので、技術的な話は私の別の著書を読んでいただきたい。

水中調査の歴史をひもとくと、その起源は紀元前330年ごろまで遡る。かの有名なアレキサンダー大王が、潜水ベルとよばれる樽状のものに入って水中に潜ったのが最初とされているが、ここでは、現代の水中探査機に特化して説明していこう。

水中探査機にはさまざまな種類があり、動くもの・動かないものなどもふくめ、じつに多種

多様である。これは、水中のさまざまな事象をとらえるために、その調査に特化した調査機器がつくりだされているからで、じつはオールマイティーになんでもできる調査機器というのは存在しないのである。そのなかでも「動くもの」としては、本書の主役となるROV（Remotely Operated Vehicle：遠隔操縦式探査機）以外に、AUV（Autonomous Underwater Vehicle：自律型水中探査機）やHOV（Human Occupied Vehicle：有人潜水船）などが挙げられる。

探査機の歴史としては（アレキサンダー大王の事例は除外するとして）、有人潜水船がもっとも古く、日本では1929年に西村一松氏が設計した「西村式潜水艇」が最初とされている。海外に目を向けると、1932年にはイギリス人生態学者のウィリアム・ビービーが開発した「潜水球」が913mの潜航に成功している。しかし、この「潜水球」は推進装置を装備しておらず、船からワイヤーでつり下げる方式であったため、海底で自由に動きまわることができなかった。その後、1939年から第2次世界大戦がはじまると、より大型かつ攻撃能力を有する潜水艦の開発が活発化し、1960年代に入ると、有人潜水艇は「より深く」潜ることが求められるようになり、1960年にはオーギュスト・ピカールが設計した「トリエステ」が、地球最深部のマリアナ海溝チャレンジャー海淵への潜航に成功した。1968年には、日本でも有人潜水船「しんかい（初代）」が開発され、のちに「しんかい2000」へと引き継がれるまで活躍した。

1960年代には、有人潜水船の開発と並行して、遠隔操縦型無人探査機（ROV）の開発もはじまった。ROVは水中に潜って観察する「ビークル」と「操縦装置」をケーブルでつないで、ビークルから送られてくる映像をリアルタイムで確認しながら作業をおこなう水中ロボットである。アメリカで米軍がはじめてのROVとなる「UCRV-1」の開発に成功し、1970年代に入ると、石油開発などの分野での需要からROV開発が活発化した。とくに、人命が危険にさらされる心配がないというメリットと、マニピュレータ（ロボットアーム）の性能向上により大深度での作業性が向上したことから、欧米を中心に生産数が飛躍的に増加した。1980年代にはROVの作業性や安全性が広く知られるようになり、われわれの生活に身近なダムや港湾などでも使用されるようになった。

一方で、研究分野での利用も広がり、深海での生物調査や作業も可能な大深度用のROVが開発されるようになった。日本では「ドルフィン3K」という3000m級の国産ROVが誕生した。当初は「しんかい2000」の救難

「しんかい2000」（撮影：2013年）

広島県呉市にて展示されている「初代しんかい」（撮影：2017年）

用として建造されたが、潜航能力や作業能力の高さからさまざまな調査に使用された。たとえば、1997年には日本海で座礁した「ナホトカ号」の捜索や第2次世界大戦中に撃沈された「対馬丸」の調査でも活躍した。

人びとの探求心は尽きることがなく、さらに深い海底をめざして開発された「かいこう（初代）」は、日本初のFull Depth探査機（地球上のどの深度にも潜航可能）として設計された。世界的にもめずらしい「ランチャー・ビークル方式」が採用され、大深度への潜航を可能とした。これは、海底付近で親機（ランチャー）から子機（ビークル）が分離し、ROVの最大の課題ともいえるケーブルへの潮流の影響を軽減する方式である。ランチャーは母船からの約1万mの1次ケーブルでつながれ、ビークルはランチャー内に格納された2次ケーブルで結ばれている。1995年3月、マリアナ海溝チャレンジャー海淵での試験潜航において、「かいこう（初代）」は世界記録となる1万911・4mの潜航を実現している。しかし、2003年5月29日に発生した事故

「初代かいこう」ビークル部（撮影：2003年）

名古屋市立科学館に展示されている「ドルフィン3K」（撮影：2018年）

により、「かいこう」はビークル部を亡失した。その後の調査で事故の原因は2次ケーブルの強度低下とわかり、さらに強度の高いケーブルの開発が求められた。

ケーブルに拘束されるという課題を解決するため、近年ではケーブルのない無索式の無人探査機が開発されるようになった。AUVや水中グライダーが代表的で、内部に搭載されたコンピュータにより自律的に探査をおこなうことができる。AUVの開発もROVと同じく1980年代からはじまったが、当時はまだ要素技術開発が主であった。1990年代に入ると高性能なマイクロコンピュータが普及し、開発はいっきに活発化した。日本でも1996年に東京大学が「R-One」ロボットの初潜航に成功し、

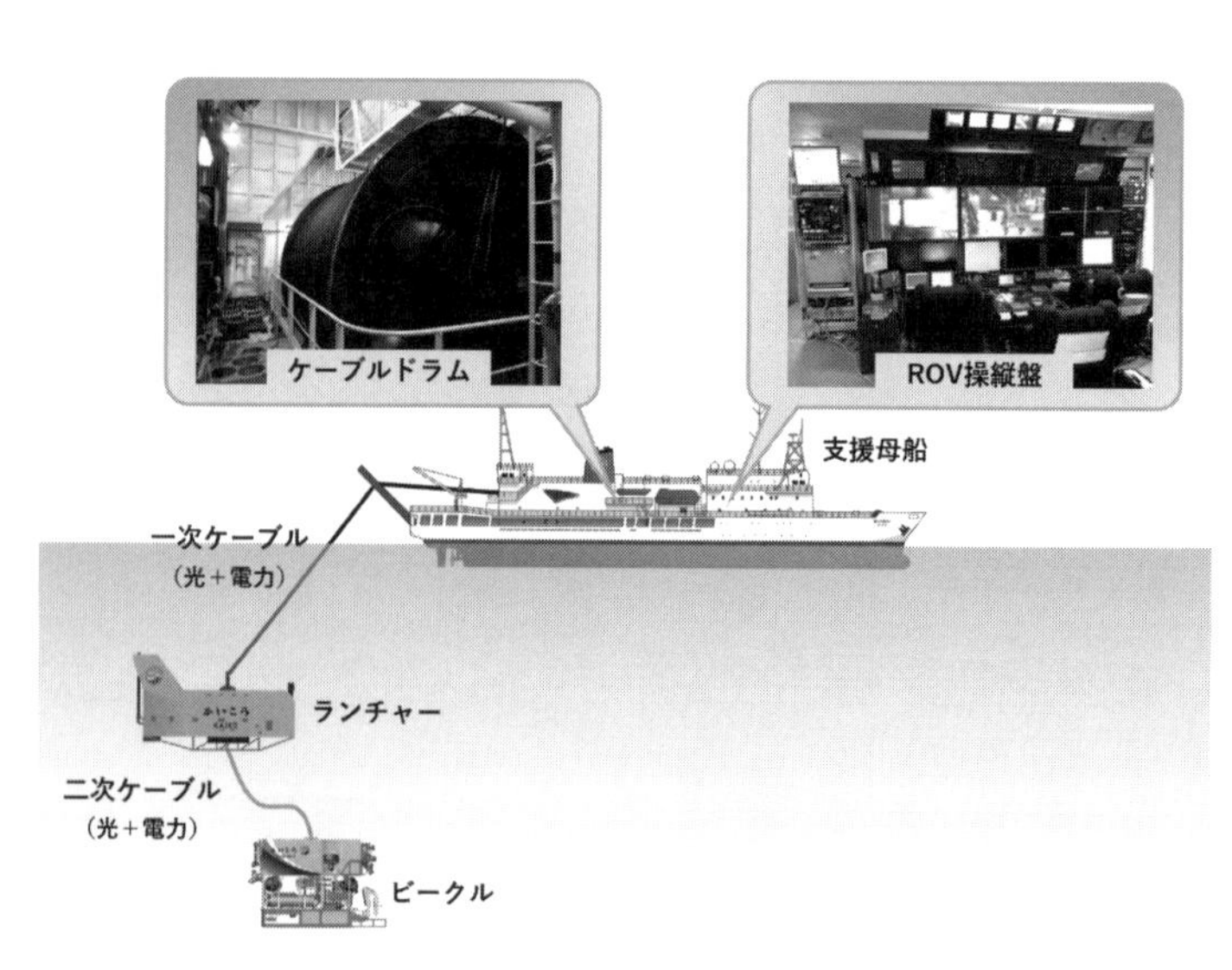


ランチャー・ビークル方式の概略図

1998年にはJAMSTECも「うらしま」の開発に着手した。

このように、古くから人びとは深海をめざして、ふだん目にすることのできない世界を「知りたい」「見てみたい」という探求心から、さまざまな機器を開発してきた。マリアナ海溝の高圧環境にも負けない堅牢性を備えた探査機や、より広範囲を調査可能な探査機、人が乗りこんでその目で直接確認する有人潜水船など、水中探査機はじつにバラエティ豊かである。その背景には、使用するデバイスの高性能化や多様化もあるが、なにより、先人の積み重ねてきた成功や失敗にもとづくノウハウによるところが大きいといえる。

## ROVを動かす基本的な原理

ここでは、本書で主役となるROVについて、もう少しくわしく掘りさげていくことにする。

ROVは「Remotely Operated Vehicle」という名が示すとおり、「遠隔で操縦する探査機」のことである。近年では、遠隔で何か物体を動かすと聞いてすぐに思いつくのはWi-Fiなどの無線通信だろう。しかし、水中では電波は恐ろしいほど減衰するため、1mも離れると通信できなくなる。そのた

整備中のAUV「うらしま」

め、水中での通信には音波がもちいられるが、一度に伝送できるデータ量は数バイト程度であることから、リアルタイムの映像伝送や複雑な制御信号の通信には不向きである。

では、ROVはどうやって動いているのか。本書を手にとってくださった方のなかには、「リモコン戦車の原理」と言えばピンとくる人も少なくないと思うが、最近の中学校や高校でこのワードを出しても、ピンとくる若者はほぼ皆無である。そこで、ここではまずリモコン戦車の原理から説明することにする。

そもそも、リモコンと聞くと、テレビやエアコンの操作に使われるような細長いものを思い浮かべる人が多いかもしれない。しかし、私が子どものころのテレビやエアコンは、本体とケーブルでつながれた小さな箱についたダイヤルやスイッチをガチガチ、パチパチして操作していた。これがリモコン、つまりリモートコントロールの原型である。このリモコンが発明されるまでは、テレビやエアコン本体のスイッチを操作する必要があったため、わざわざ本体のある場所まで行かなければならなかった。スイッチの制御信号線を手元や別の場所まで延ばすことで、本体まで行ってスイッチを操作する必要がなくなった。

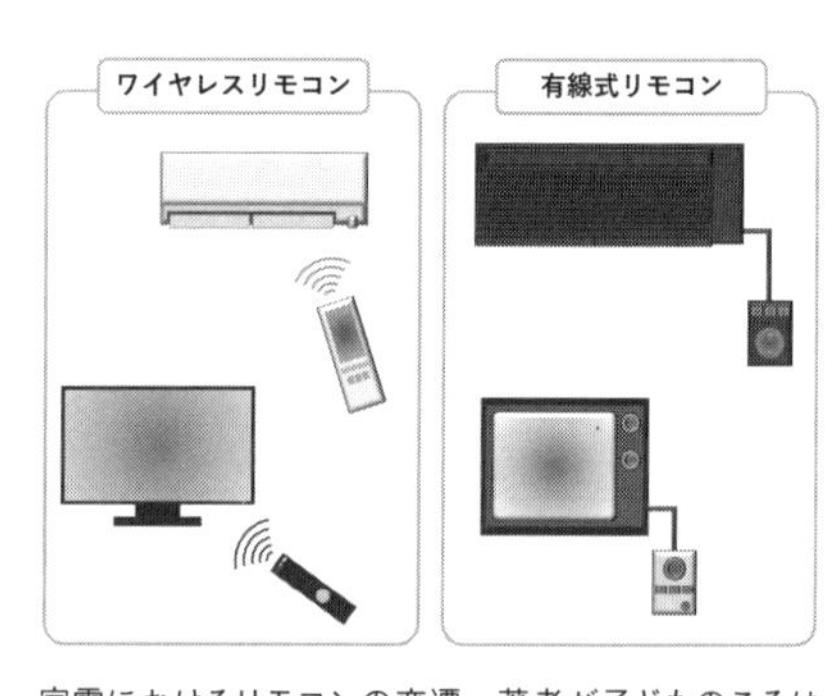

家電におけるリモコンの変遷。著者が子どものころは右側の直結式がまだまだ現役だった

そんなリモコン方式は古くから子どもの玩具などにもとり入れられており、その代表格ともいうべき存在がリモコン戦車である（と私は思いこんでいる）。

リモコン戦車は車体内部に格納されたモータに電気を流して、モータにつながれた動輪（キャタピラ）を動かすしくみである。このとき、モータに電気を送るのに必要なのが「電線（制御線）」である。通常、モータのふたつの端子にそれぞれ電線をつないで、その両端を乾電池のプラスとマイナスに接続すると、モータが回転する。そして、電池のプラスとマイナスを入れかえてつなぐと、モータは逆に回転しだす。

しかし、いちいち車体のふたを開けて電池の向きを変えるのは面倒だし、そのさいに細かな部品が取れたりなくなったりしてしまうこともある。そこで、モータに接続する線を長くして、さらに、電池の向きを入れかえるのではなく、プラスとマイナスをスイッチで切りかえることで、スムーズに車体の進行方向を変えることが可能となる。

テレビやエアコンも同じ原理で、リモコンのスイッチを押すことで電気が電線を通って本体の回路に印加される。これにより、電源をON／OFFしたりチャンネルを変えたりすることができる。つまり、本体とリモコンが電線で

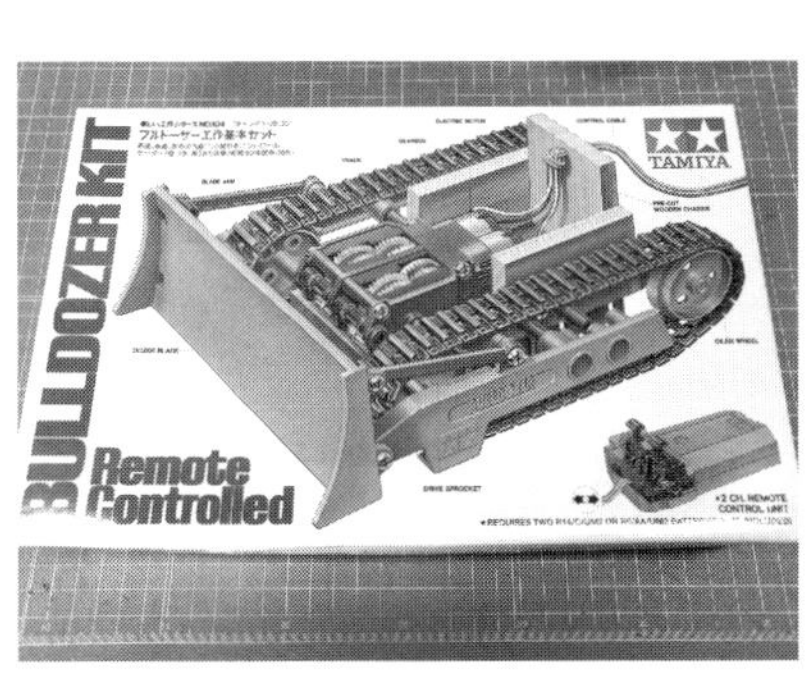

リモコン戦車と同じしくみで動くリモコンブルドーザーキット（タミヤ模型）

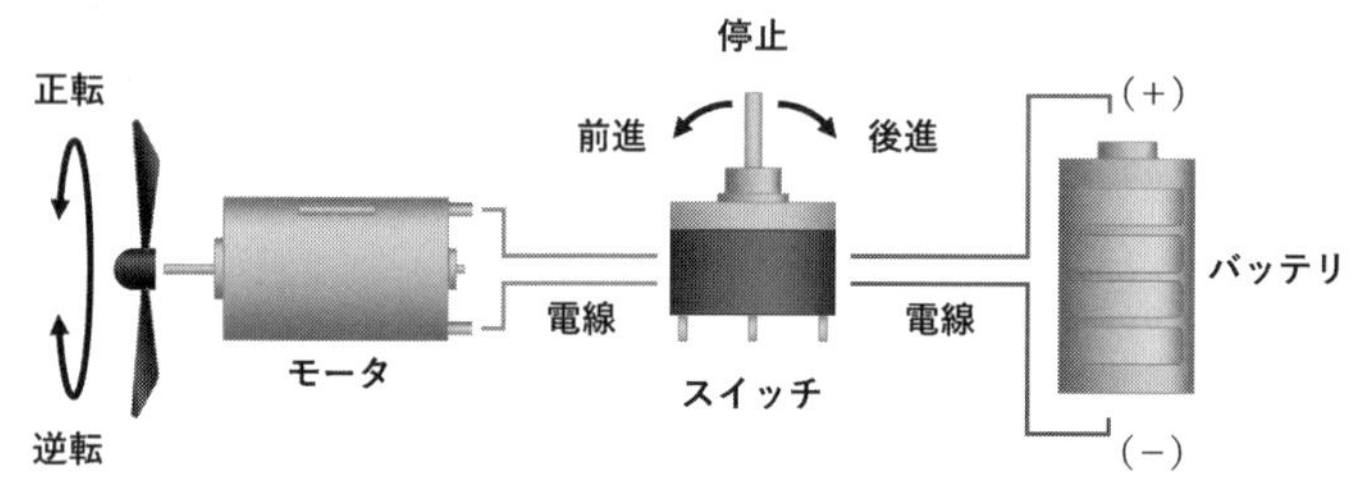

リモコン（有線式）の原理

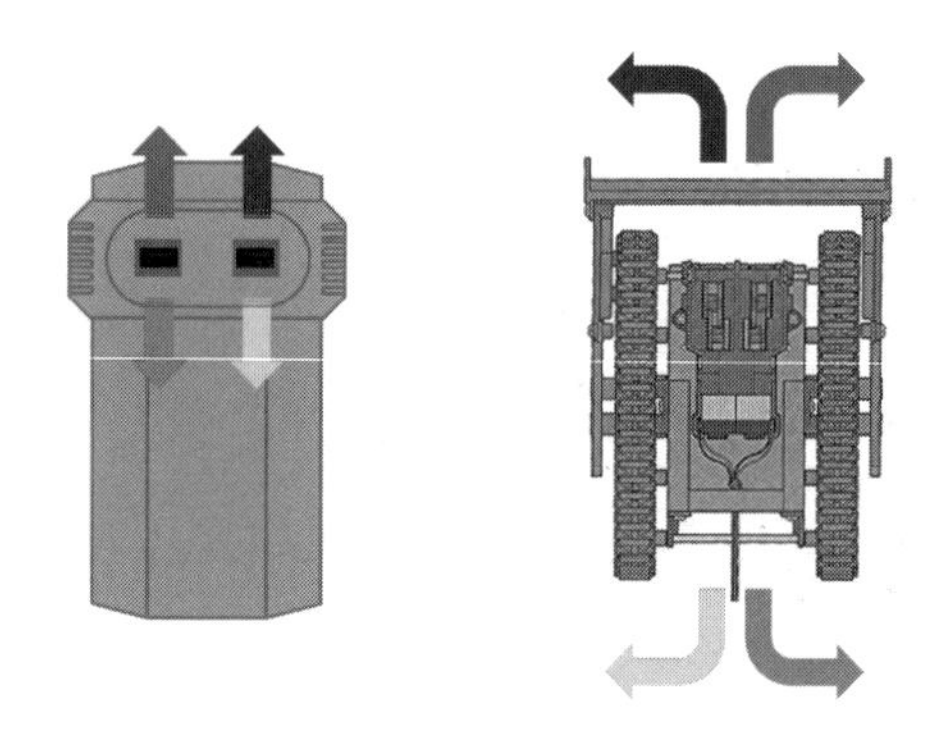
リモコンの操作概略図（一部、タミヤ模型リモコンブルドーザーキットの箱絵より引用）

つながれているのが最大の特徴で、これがもっともかんたんなリモコン（有線式）の原理である。
　このように、リモコン（有線式）は、本体・リモコン・電線の3つのパートから構成されている。しかし、電線は長くなればなるほど重くなり、電池の電圧や電気信号も、本体に届くころには大きく減衰する。そのため、近年では電線のかわりに赤外線やBluetoothやWi-Fiなどを使って信号を伝送する無線式のリモコンが主流となっている。この無線式のメリットは、電線に動きを拘束されない点にある。
　最近のノートパソコンやスマ

ートフォンには、あたりまえのようにBluetoothやWi-Fiが内蔵されているが、初期のノートパソコンにはモジュラージャックというコネクタが搭載されており、インターネットに接続するにはこのジャックに電話線やＬＡＮケーブルを接続する必要があった。そのため、いまのように「カフェで優雅に仕事」なんてことは気軽にできなかった。その後、携帯電話が普及しだすと、ノートパソコンと携帯電話を有線でつないで、電話回線を使ってインターネットに接続する方法が考えだされた。現在でいうところのテザリングである。大雑把にいうと、パソコンと携帯電話を有線でつなぐか無線でつなぐかの違いはあるが、携帯電話を使ってインターネットに接続する方法は、じつは古くからおこなわれていたのだ。過去にはインターネットに接続可能な公衆電話も存在した。いまでは見かけなくなったＰＤＡ（Personal Data Assistant）端末という、スマートフォンのはしりのような端末を専用ケーブルで公衆電話に接続して、メールを送受信する人を見かけた時代もあった。それからたった十数年で電波や赤外線を使用した無線が主流となり、これらの「有線式」通信はほとんど見かけなくなった。

しかし、いまでも水中では事情が異なる。とくに海中では電波や赤外線は減衰率が高く、通信には使えない。そのため、水中での通信には音波を使用するが、これも伝送可能な容量が小さくノイズに弱いという特徴があり、簡易な信号や容量の小さな画像の伝送にとどまっている。近年では「光無線通信」という技術も開発され、伝送可能容量も大幅に向上したが、現時点では通信距離に課題が残っており、大容量のデータを長距離かつリアルタイムで伝送するには、ケーブル（有線）が威力を発揮する。

このケーブルを使って映像や観測データ、操縦信号の通信をおこなうのがROVである。前述のとおり、ROVは水中に潜るビークルと、これを操縦する操縦装置をケーブルでつないで映像をリアルタイムで確認しながら操作するロボットである。つまり、「本体（ビークル）」と「リモコン（操縦装置）」が「電線（ケーブル）」でつながれているのである。そう考えると、ROVも「リモコン戦車」に共通する部分が多いように思えてこないだろうか。

## ROVの基本構造

ここまで読んで、ROVは、ビークル、操縦装置、ケーブルの3つのパートに分割できることがおわかりいただけたと思う。続いて、この各パートがどのような機器で構成されているのかについて、少し紹介しておこう（くわしく解説すると読みながら寝落ちする可能性があるので、私の別の著書を……以下略）。水中ロボットには用途や任務によって多種多様なものが存在するため、ここではごく一般的なROVと、本書で紹介する南極調査用ROVを念頭に説明する。

### 1 水中部（ビークル）

人のかわりとなって水中のようすを映しだすビークルは、カメラやスラスタ（推進器）、マニピュレータ（ロボットアーム）などを備えている。

このほかにもさまざまな機器をとりつけることが可能で、自機の方位や深度などの航法データ、水温、塩分濃度、溶存酸素といった環境観測機器も搭載することができる。計測するこれらのデータの種類は、ROVの設計段階から計画に盛りこまれ、近年では高精細な映像を取得できる4Kカメラを搭載可能なビークルも開発されている。

コンピュータやカメラなどの電子機器は水に浸かると故障してしまうため、深海の高い水圧にも耐える「耐圧容器」とよばれる筒状の容器に格納される。容器はチタン合金やアルミ合金、ステンレス鋼でつくられることが多く、内部の機器へ供給する電力やカメラ信号、制御信号などは、特殊な耐圧コネクタを介して容器の外にとりだされる。

ビークルの動力源はおもにAC電源で、船上または陸上からケーブルを使って高い電圧で給電さ

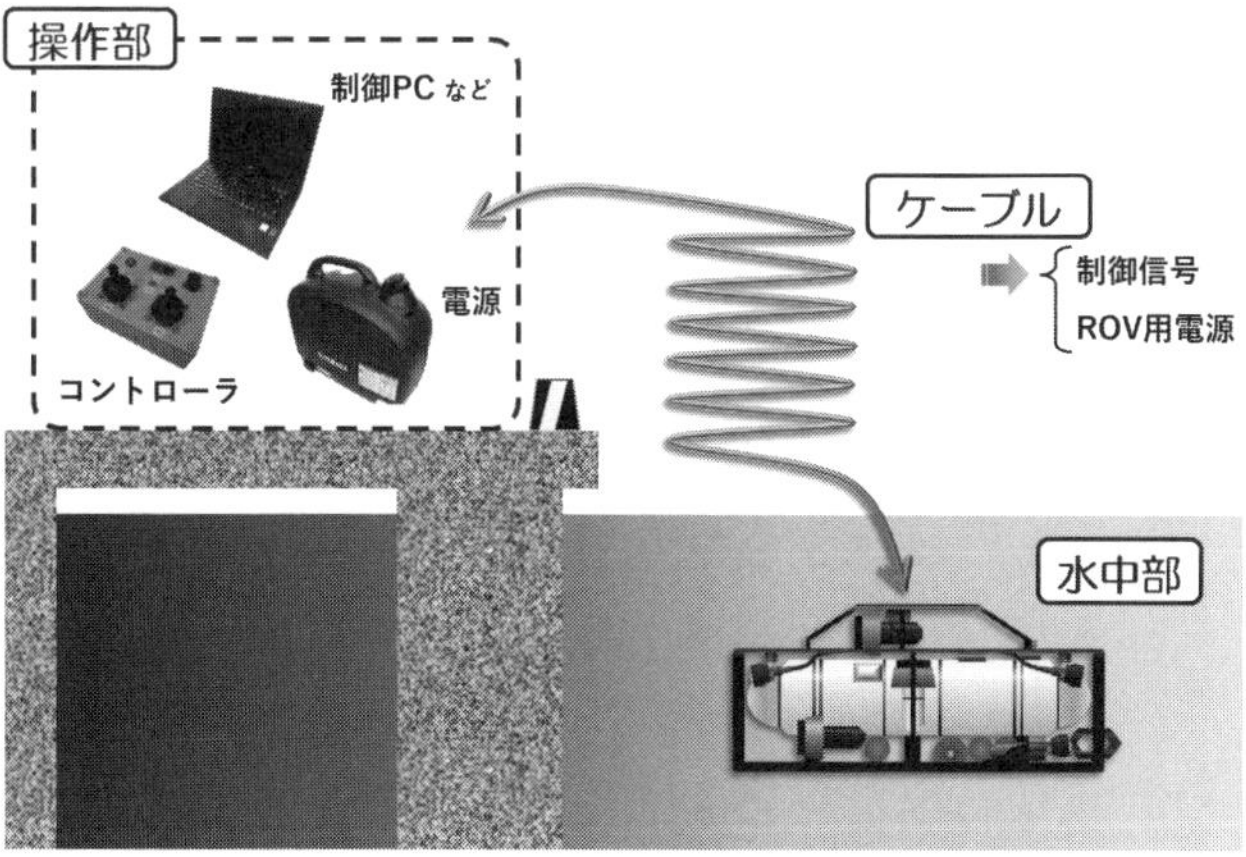

ROVは大きく分けると、操縦部、ケーブル、水中部の3つのパートで構成される

れる。しかし、そのままだと電圧が高すぎるため、送られてきた電力をカメラやコンバータ回路が搭載されており、ビークル内部にはコンバータ回路が搭載されており、送られてきた電力をカメラやコンピュータ、スラスタなどに使用可能な電力に変換している。近年では電力効率のよいリチウムイオン電池などが普及してきたため、ケーブルを使った送電をしないROVも増えつつある。

また、ビークルの推進力を生みだすスラスタのモータにも電気が使用されることが多いが、重作業用ROVでは、大型のスラスタを動かす高いトルク（回転させる力）が必要となるため、スラスタ用のモータは油の力で動作する「油圧モータ」が使用される。このモータは油圧ポンプでつくりだされた油の流れを使って、歯車を動かしてスクリュなどを動かすしくみで、大きな力を必要とする場合にもちいられる。われわれの生活ではあまりなじみがないように感じるかもしれないが、油圧を使った装置はいろいろあり、工事現場のショベルカーやクレーン、飛行機などにも使われている。

油圧モータは電気式モータとは性質が異なり、制御信号に対して機敏な動作が苦手である。油圧モータを動作させるには、ジョイスティックなどの制御信号を電圧値に変換し、この電圧

45ピンの超特殊なコネクタ

値を使って油の流れを調整する「圧力調整弁（サーボ・バルブ）」の制御をおこなう。「圧力調整弁」は入力信号の大小によって「弁」の開閉ぐあいを決めることができ、ジョイスティックを大きく動かせば圧力調整弁が大きく開いて、油圧モータに多くの油が流れて大きな力を出すことができる。このように油の流量を制御することで、モータの強弱を調整することができるため、スラスタやマニピュレータなどにもちいられる。

水中で作業するROVには、安定した姿勢を保つことが求められる。水中探査機は陸上と違って、直線運動と回転運動の3軸・6自由度（図参照）の運動をおこなうことになる。あるていどはスラスタの推力で姿勢を制御することが可能だが、基本的な姿勢は設計段階から考慮する必要がある。水中で探査機を安定させるには、「重心」と「浮心」を考慮しなくてはならない。金属製の耐圧容器やフレームで構成される水中探査機は、水に入れると、そのまま自重で沈んでしまうため、「中性浮力」とよばれる浮きも沈みもしない状態が求められる。そこで、中性浮力を得るために「浮力材」がとりつけられる。重心と浮心は離れれば離れるほど機体の姿勢を安定的に保つことができるが、浮力を重心より下側に配置すると、機体はあっというまにひっくり

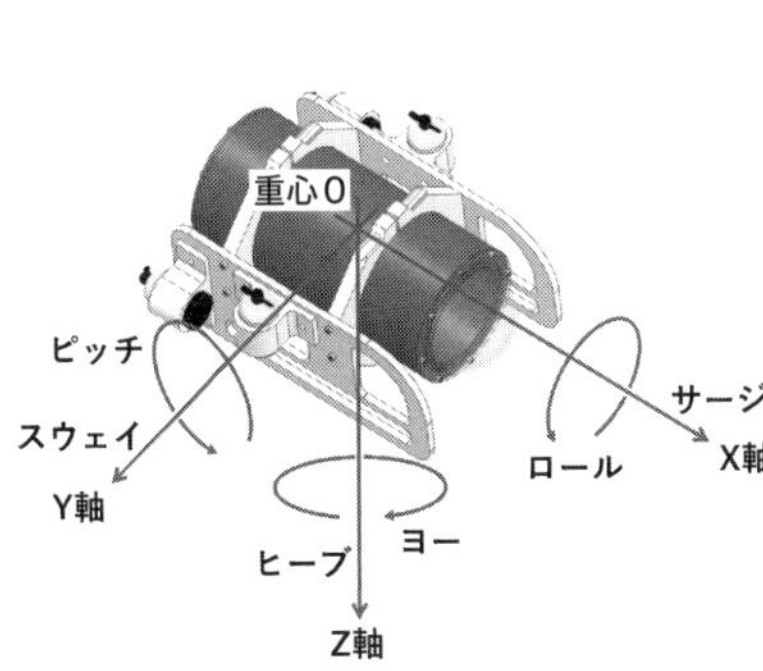

水中探査機の機体座標系

返ってしまう。

また、深海での機体の状態は水面から確認することができないため、3軸加速度センサやジャイロセンサを搭載するROVもある。これらをコンポーネント化した装置を「慣性航法装置(Inertial Navigation System：INS)」という。原理としては、ジャイロセンサを使って機体の移動方位を検知し、加速度センサの値を2回積分して移動距離を算出(加速度を1回積分すると速度、速度を1回積分すると距離が算出できる)するもので、電波が使えない深海では、GPSのかわりに、探査機がどの方位にどれだけ動いたかを知る重要な装置である。

## 2 操縦装置

操縦装置は、ロボットを制御したり、水中から送られてくる映像や観測データを確認したりする装置で、おもに船上または陸上に設置する。モニタや操縦用コントローラ、制御用パソコン、信号変換器など、さまざまな機器で構成され、ビークルから送られてくる映像やデータもリアルタイムで確認できる。

ロボットを思いどおりの方向に動かすための操縦信号や、搭載されているカメラからの映像信号、各種センサの測定値などの情報処理は、おもに制御用コンピュータでおこなう。これは、私たちがふだん使っているパソコンとほぼ同性能であるが、過酷な環境にも耐えるパーツなどを使って組み立てられた、いわゆる産業用パソコンである。とくに、ROVは水辺で使うロボットであるため、湿気やサビ、気温変化の影響が大きい。また、船舶に搭載する場合には、さまざまな角度の傾斜や細かな振動も無視できないため、これらに対して高い耐久性が求められる。

　操縦用コントローラは、前進・後進・潜航・浮上といった操作をおこなうもので、近年では家庭用ゲーム機のコントローラなどがもちいられている。これは、可搬性が高く、直感的な操作が可能なため、おもに小型ROVで使われている。一方、大型のROVではヘリコプターなどに使用する、信頼性や操作性の高い操縦桿やジョイスティックをもちいる場合もある。

　本書に登場する南極用ROVについては、南極ではコントローラが故障した場合に修理や部品交換ができないため、制御用コンピュータの画面上で操作するソフトウェア・コントローラを採用した。これは、画面上に表示されるボタンを操作することでビ

「かいこう」の船上操縦装置

ークルを動かすことができる。また、ハードウェア式のコントローラは落としたり水没したりすると壊れてしまうのに対し、ソフトウェア式であれば、かりに制御用のコンピュータが壊れても、ほかのパソコンやスマートフォンにソフトをインストールすることですぐに使うことができ、修理用の予備品や部品を準備しなくてもいいといったメリットがある。

これら制御用コンピュータや操縦用コントローラの情報は電気信号として入出力されるため、リアルタイムで通信するにはひじょうに多くの情報量となる。しかし、いちどに多くの情報を伝送するには何本もの通信線が必要になり、通信線の数の増加はケーブル全体が太く重くなる原因となる。そこで、通信線数が少ないデジタル信号や光信号に変換し、ケーブルを通して水中部（ビークル）と双方向で通信する。これにより、ロボットに操縦信号を送ったり、逆に水中の映像が送られてきたりする。万が一、パソコンへの電源供給がストップしたりフリーズしたりすると、水中で作業しているロボットが事故を起こす危険性があるため、別のパソコンにバックアップ機能をもたせ、急なトラブルでも安全にロボットを動かせるように設計されているものもある。

近年では、多様化する観測に対応するため、ビークルとの通信には大容量のデータ伝送が可能な光ファイバがもちいられる。しかし、操縦用のコントローラや制御用のパソコンから出力される情報は電気信号であるため、これを光信号に変換する装置が必要になる。この変換機を「光伝送装置」とよぶ。各機器からの電気信号を光信号に変換することで、電気抵抗の大きい電線を使わずに、光ファイバを使って長距離通信する装置である。身近なものでは、家庭用のインターネットなどで使われる光モデムが類似の機器といえる。光ファイバで通信するさい、1本の光ファイバに1種類の信号を通すだけでは、ひじょうに効率が悪い。そこで、光の波長を変えることで、1本の光ファイバに複数の信号を重ねあわせて伝送することができる。これを光波長多重通信方式(Coarse Wavelength Division Multiplexing:CWDM)といい、ギガビット・イーサネットや、USB3・0などの大容量高速通信や4K映像など高いビットレートの映像も伝送することができる。

このほか、操縦装置はROVの用途や任務によって搭載されるものが異なるが、マニピュレータのコントローラや映像録画機、音響通信装置などを備えている場合もある。

## 3 ケーブル

ROVに電力を供給したり、制御信号や映像信号を通信したりするには、専用のケーブルが必要になる。このケーブルの性能がROV全体の性能を左右するといっても過言ではないだろう。「リモコン戦車」の例でも見たとおり、電力や制御信号の伝送には電線が必要になる。しかし、ひとつの動作をするのに1対の電線を使用していたのでは、どんどんケーブルが太くなっていく。これは陸上のロボットでも同じで、少ない電線で多くの制御信号を伝送することが求められる。

そこで、古くからパソコンなどにもちいられてきたシリアル通信を使ったロボットが誕生した。いちどに多くのモータやアクチュエータ（電気や油圧のエネルギーを機械的な動きに変換する装置）を制御できることから、現在でも産業用ロボットなどにも使用されている。ところが、電線を使う通信には最大通信距離（限界距離）が決まっており、水中ロボットのような長距離伝送には不向きだった。そのため、ROVで使用するさいには、シリアル通信の信号を光信号に変換し、長距離通信が可能な光ファイバを使って伝送することで、最大通信距離の問題をクリアしてきた。

ケーブル内には、光ファイバ以外にも電力を供給するための電力線も存在する。長さが数百mのケーブルを使ってROVに電力を供給するには、電気抵抗による電力損失が起こるため、ケーブル設計にはくふうが必要である。たとえば、電力損失を減らすためケーブルを太くすると、水中で潮流の影響を受けて流されやすくなり、ケーブルの先端にあるROVが自由に動きまわることができなくなる。また、船舶に収納するさいのスペースも大きくなってしまうため、ケーブルはあまり太くしないことが求められる。

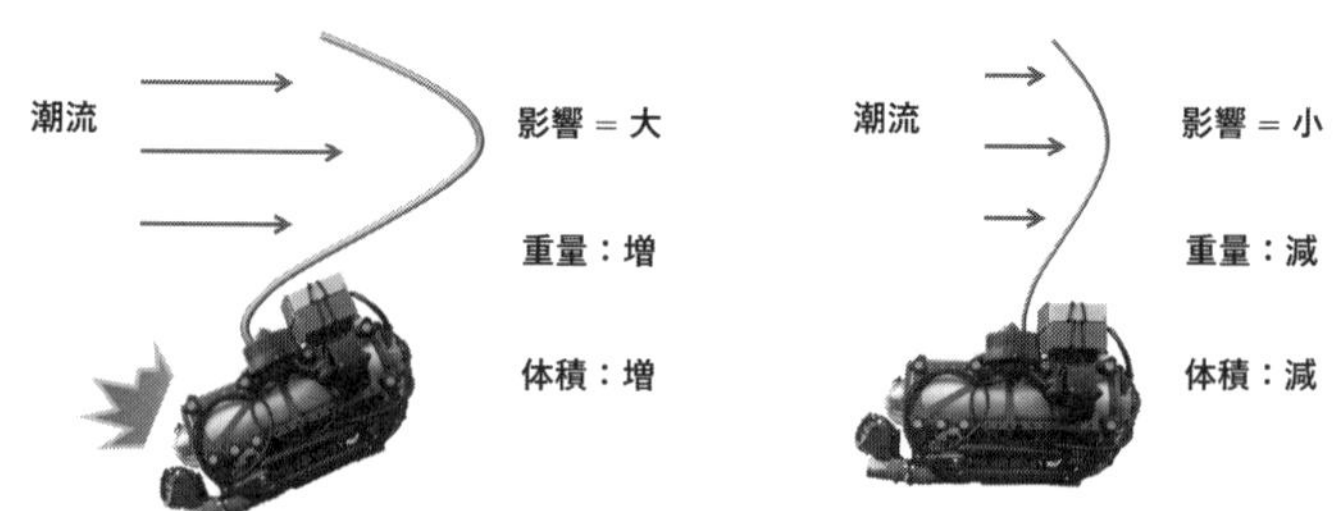

太いケーブルと細いケーブルの模式図

ほかにも、電力を供給することで発生する熱はケーブルの劣化を早めるため、発熱を抑えるための電流と電圧を計算して電力線の太さを決める必要がある。これらの制約を技術的に解決するよう、ROVの設計時には、ロボット本体だけでなくケーブルの設計もしなくてはならない。

さらに、ROVに使用するケーブルには強度が求められる。電力線や光ファイバのままでは、船の動揺などでケーブルに負荷がかかると切れてしまうため、ケーブルの周囲をアラミド繊維やウレタンなどの高強度素材で保護している。これにより、ケーブルが擦れたり引っかかったりしても、かんたんに切れないようになっている。

深海探査機は、基本的にはこれら3つのパートをつなぎあわせて、つくることができる。もちろん、そのなかにも細かな技術的ノウハウがあり、その内容は耐圧コネクタの種類や通信方式、耐圧容器に使用する金属の種類、水密を保つOリングの取り扱い方など多岐にわたる。とくに、われわれが暮らす陸上（空中）で活動するロボットと違い、水中で動かすにはさまざまな制約がある。この制約を理解して、うまく技術を組み合わせることで、水中で自由に動きまわれるロボットになる。

# 3 ROV完成からはじまるつぎのステージ

## 南極用ROV、ついに完成

南極調査に参加することが現実味を増してきた2016年の秋ごろ、カシオのU氏から小包が届いた。開けると真新しいG-SHOCKが入っていた。ただし、これは市販品ではない。そう、南極用ROV（アールオーブイ）のために特別に改造されたG-SHOCKである。

5月から何度も協議と試行錯誤を重ねて、内部のコンピュータのファームウェア（ソフトウェアの一種）をつくりかえた。これにより、ネックだったセンサの計測時間のリミットをはずして、時計のバッテリが切れるまで計測しつづけるように変更した。そのため、フル充電でも半日〜1日動くかどうかと予想していたが、研究室で連続稼働試験をしたところ、2日以上計測しつづけていた。これには一同が驚いた。センサや文字板で消費される電力は決まっているので、何もしなければ、バッテリの電力を消費しつづける。ところが、今回のG-SHOCKは文字

板の周囲にソーラーパネルが配置されており、これが蛍光灯の光で充電しつづけていたのだ。

当初は「水中=光が急速に減衰する」というイメージから、水深10mを超える場所での太陽光による充電は不可能だと考えていた。たしかに、いくら白夜の南極といえど、水中で太陽光による充電は難しい。しかし、水中探査機には投光器が搭載されている。しかも、遠くまで見通せるように、かなり強力な投光器である。ためしに時計とデスクライトを暗所に入れて放置してみたところ、予想どおり、2日たってもしっかりと稼働しつづけていた。

じつはこのとき、このG-SHOCKは別の調査でも使えるのではないかと考えていた。南極には水深160mを超える深い湖があり、いまだ最深部はだれにも調査されていない場所だった。極地研のAさんからは、今回の湖沼調査がうまくいけば、数年後にこの深い湖の調査をしたいと言われていた。そのため、ROV本体も数年後の調査を見越した設計にしていた。しかし、1年をとおして分厚い氷が湖面を覆い、太陽の光が届かない最深部は、深海同様に真っ暗であることが予想されることから、航法デバイスとしてのG-SHOCKのバッテリ容量も課題のひとつであった。それが今回、投光器の明かりで充電可能であることがわかり、数年後の大深度調査に向けて確信を得ることができたのだ。

こうして、研究室や低温室での実験や、じっさいの探査機にとりつけた場合に問題がないかを確かめる実海域試験などもおこない、幾度かの修正をしながら、ようやくROVの航法デバイスを担うG-SHOCKが完成した。

ただ、まだひとつだけ問題が残っていた。時計表面の「反射」である。G-SHOCKの文字板にはサファイアガラスが採用されており、ふだんの用途では視認性が高く、ぶつけても踏んでも割れないすぐれものだ。しかし、何度目かの水中実験のさいに、水面から降りそそぐ太陽光によってガラスが反射を起こし、文字板が見えなくなることがあった。これは時計のとりつけ角度、探査機の機首方位、太陽の位置といった条件が重なった場合に起こるもので、直進しながら湖底の写真を撮影する今回のミッションでは、探査機の方位を変えることはできない。

どうしたものかと考えていたとき、近所の100円ショップでスマートフォン用の反射防止フィルムが目についた。使えるかもと思い、さっそく買って帰って、時計のガラス面の大きさにカットして貼りつけた。蛍光灯の明かりに対してはかなり反射が抑えられたが、太陽光ではまだ少し反射して読みとれないことがある。よほどの条件が重ならないかぎりだいじょうぶだとは思うが、やはり未知の場所での調査なので安心はできない。ほかの作業のかたわらで数日間考えていたとき、ふと思いたって、反射防止フィルムの表面を耐水ペーパー（紙やすり）で削ってみた。透明フィルムがすりガラスのようになった段階で、時計のガラス面に貼って水に

南極用ROVのために開発されたG-SHOCK

浸けてみた。すると、フィルムが透けて下の文字板のデジタル数字がみごとに浮かびあがった。ためしにいろいろな角度からLEDライトを当ててみても、以前のように反射して見えないということがなくなった。ただ、やはりすりガラス越しでは視認性が若干悪くなるので、ノーマル状態の反射防止フィルムを貼ったものと、すりガラス状に加工したものの2種類を準備することにした。

そうこうしているうちに、あっというまに10月下旬となり、南極用ROV開発は佳境を迎えていた。11月初めにはしらせに搭載しないといけない。

しらせへの物資搭載には大きく分けてふたつの方法がある。ひとつは、極地研で荷物の検査を受けたのちにほかの物資といっしょに船倉に積みこむ方法で、積みこみ日の1週間以上前には極地研の倉庫に搬入しなければならない。もうひとつは、個人の手荷物としてしらせの船室へ持ちこむ方法で、港への入構許可などを申請しないといけないのでハードルが高いが、1週間ほどの猶予ができる。そこで、この時点でほぼ完成していたROV本体と操縦装置、ケーブルは極地研に事前搬入し、まだ完成していない一部の部品は、大井埠頭での積みこみ時にハンドキャリーすることにした。

それから約1週間後の2016年11月1日、残りの部品を届けるために大井埠頭を訪れた。あいにくの雨だったが、埠頭に近づくと、突如として鮮やかなオレンジ色の巨大な船体が視界に入った。思わず「でけえ!」と声を上げた。2代目しらせはJAMSTEC在職中に何度か横須賀で見かけてはいたが、じっさいに中に入るのは今回がはじめてだった。

早まる気持ちを抑えつつ守衛室で入構手続きをし、車から傘とお届け品をとりだして、早足で船体に歩み寄る。先代しらせと排水量などはあまり変わらないが、ひと目見て明らかに大きいと感じる。とくに印象的なのは船体の上部構造物で、2代目しらせでは船橋後方に物資コンテナを積載する場所が設けられており、岸壁から見上げると、その存在がよりいっそう強調され、巨大な壁のように感じる。

タラップを上がって中に入ると、極地研のAさんが待っていてくれた。さっそくお届けものを手渡すと、「時間ある?」と聞かれ、船内を少し案内してもらえることになった。船は、戦闘艦をのぞけば、

ついに完成した南極湖沼調査用ROV「AR-ROV01」。大人が両手で抱えられるくらいの大きさだ

どれも内部は同じようなつくりではあるが、ここ数年、船が仕事場だった自分にとって、あこがれのしらせの内部はまったく違う船のように見えた。

Aさんに連れられて、まずは居室やラボ、冷凍庫などの居住スペースを案内してもらう。居室も廊下も先代より広いつくりになっている。続いて後部甲板に出てタラップを上がると、広々としたヘリデッキに出た。デッキにはクレーンで積みこまれた物資が並んでいた。そのようすを横目で見ながら格納庫のほうへ行き、水密扉から中に入る。

「おお、でけえ！」

そこには、輸送用のヘリコプターCH-101が2機並んで格納されていた。飛んでいるのは何度か見たことがあったが、じっさいに手の届く距離で見たことがなかったため、その大きさにあらためて驚いた。ましてや、先代しらせで使用していたヘリコプターのシーキングよりもはるかに大きいため、せまい格納庫内では全景が視界に入りきらない。

しばらく格納庫でヘリを眺めながらAさんと今後の打ち合わせをしていると、生物グループの積みこみがはじまった。名残惜しい思いのままタラップを降りて、大井埠頭をあとにする。

数日後、しらせは晴海埠頭から大勢の関係者に見送られて出港し、Aさんも成田空港から南極へと飛び立った。おそらく、おたがいにつぎに会えるのは1年以上あとである。そのあいだに、ROVはどんな成果を上げてくれるのか。楽しみな一方で、これまでのROV開発というステージから、自身も南極をめざすステージに移ったように感じた。そしてそれは、前途多難なステージの幕開けでもあった。

## 南極チームは家族のような存在

2017年1月下旬、極地研のKさんから連絡が入った。第59次隊として参加するための申請や政府への手続きなどを本格的に進めよう、とのこと。しかし、このとき、ある問題が表面化していた。それは、勤務先の東京海洋大学で自分が担当する授業をどうするのか、という問題だった。とくに、まだ着任まもなかった自分には、大学内でのコンセンサスを得る手段がわからず、解決の糸口が見いだせないまま行きづまっていた。南極観測は「国家の事業」ではあるが、国立大学といえど学内の調整は自力でなんとかせざるをえないのである。そのことは極地研のKさんにも相談していたのだが、学内調整によるストレスから体調が悪化しはじめていたため、最悪の場合、今回の南極行きを断念せざるをえないところまできていた。そんな最中での連絡だった。

極地研のKさんの居室を訪れると、明るく出迎えてくれたKさんは、こう切りだした。

「今回、後藤さんは『同行者』として参加してもらうことにしたよ」

同行者というのは、極地研が数年前から実施しているプログラムで、出発前も南極観測中も自身の研究を続けることができる公募型のプログラムである。観測隊員は、基本的に出発までの約半年間、極地研の隊員室に常駐し、南極での業務が円滑に進むように、決められたさまざまな作業をおこなうが、同行者は、その業務に同行しながら研究を進められるため、日本での作業量が比較的少なくてすむメリットがある。一方で、観測にかかる経費などは自身の研究費などから捻出しないといけないし、極地研が定める健康診断も自身で病院を探してクリアしなければならないというハードルの高さもある。しかし、隊員室に常駐する必要がないため、大学の授業や研究準備に専念できるメリットがあった。

どちらがよいのかと聞かれれば一長一短ではあるが、Kさんは私の置かれた立場を鑑みて、今回は観測隊ではなく同行者がいいだろうと判断し、その条件で大学からコンセンサスを得られないかと提案してくれたのだ。

「ただ、同行者は中期計画にマッチしているかの審査が必要だから、しっかり申請書を書かないと審査に落ちる。いまから申請書の内容をいっしょに考えよう」

なんともありがたい話である。数か月前までは見ず知らずの存在だった自分のために、いろいろ走りまわって解決策を模索してくれていたのである。そして、約半日かけて申請書の骨子をまとめ、あとは提出に向けて自分で書類を作成することになった。帰りぎわ、Kさんからふたたび提案があった。

「いちど、大学の上長の人にお願いにいくよ。このプロジェクトは後藤さん抜きではできない。なんとしても出してもらえるようにお願いにいくから」

そのことばを聞いて、Ａさんが以前に言っていたことを思い出した。「南極調査はぜったいにひとりじゃできない。だから、いっしょに行く人は家族みたいな存在なんだよ」。

Ｋさんから「だから、どこまでもつきあうよ！」と、弱った背中を押してもらえたように感じ、極地研をあとにした。のちに、じっさいに自分も南極に行ってみて、Ａさんの言っていた意味を痛感することになる。

## 新たなステージは、冬山での訓練から

それから約1か月後の2月下旬、私は乗鞍へと向かうバスのなかにいた。担当する授業は集中講義にするなどの具体的な解決策が見えはじめ、同行者として参加するための書類作成などに追われていた。そして、1週間ほどの有給休暇を取得して、極地研が実施する「冬山訓練」（通称・冬訓）に参加した。この時点では、まだだれも南極行きが確定しているわけではなく、あくまで候補者の適性を見極めるのが目的の訓練である。

冬訓では、全国各地から隊員候補が参加し、5日間にわたってさまざまな訓練を積む。南極ではさまざまな活動が待ちかまえており、約100人の隊員が寝食をともにしながら各々の活動に従事する。当然、各員のバックグラウンドも違えば、体格も性格も性別も違う。そのため、チームワークがなによりも求められる。おまけに、夏とはいえ南極なのだ。不注意から起

こる事故や遭難なども懸念される。そんな万一の事態に備えるのが、この冬訓なのである。

ここで少し時間を遡る。訓練の日が近づくと、極地研から分厚い「案内」が送られてくる。準備するものや服装はもちろん、訓練や講習の日程表とその内容がびっしり書かれたレジュメなどが入っている。雪山とは縁遠い生活をしてきた私にとっては、まさにイロハのイが書かれた虎の巻といえる。どれも重要なことばかりだが、はじめて南極に行く者にとっては、この、電話帳くらい分厚い冊子に書かれていることをすべて覚えるのか？……と、少々不安になるほどの情報量だ。ごみの捨て方や遭難しないための方法、万が一、クレバスに落ちた場合の救助や脱出方法など、不可欠な情報ばかり。多くは訓練や講習をとおしてじっさいに体験することで身につくが、細かな規則や法令の類は覚える以外にない。そうした内容を短期間で頭と体に覚えこませるための座学と実習が冬訓なのである。

案内が届いてすぐに着手したのは、雪山装備を買いそろえることであった。送られてきた「案内」には、「雪山で1泊します」とサラッと書かれている。夏山ですらそれほど登った経験がないのに、冬山で1泊なんて死なないか？　そもそも冬山装備なんて持っていない。前述のとおり片頭痛もちで、寒いところがとにかく苦手なため、雪山なんてのは一生縁のない場所だと思っていた。

ということで、丸腰で雪山に挑んで惨敗しないよう、防寒着、靴、防寒手袋、インナー、ゴーグルなど、雪山登山に必要な装備を、極地研の「案内」をもとに一式そろえた。GORE-

TEX（テックス）という防水加工の王様的な素材でつくられたものは高くて私費じゃ買えないので、似たような機能のものを選んだ。それでも、ざっと10万円弱……。登山では、最初に用具をそろえるのに費用がかかり、せっかく買ったからやめるにやめられないし、意外とハマって毎週登ってます、という話をときどき耳にする。だが、南極に行くのに初期費用がかかったから、もとをとるために毎年南極に行ってます、なんて話は聞かない。しかし、ここでケチって雪山で死ぬ（大げさ）わけにいかない。背に腹はかえられないとはこのことである。

そして、2月下旬。いよいよ冬訓の日がやってきた。早朝に極地研を出発するため、思いきり登山客の恰好で通勤ラッシュの東京駅を突っきり、「平日の朝っぱらからナニ遊んでんだよ?」的な視線を受けながら、ほぼ満員の中央線で立川をめざす。極地研に着くと、すでに何名かが集まっていた。

あわただしく2台のバスに分乗して、9時過ぎに出発し、一路、訓練地の乗鞍岳（のりくらだけ）をめざす。車窓の風景がだんだんと雪景色に変わって、乗鞍にある合宿所に到着したのは14時ごろだった。この日もさっそく座学講習があるので、各自、部屋割り表にしたがって自室に荷物を運びこむと、休むまもなく資料を持って講習会場に集合する。ここでは南極観測の歴史が講義され、明日からの雪山訓練に関する注意事項が伝えられた。夕食後もゆっくりはしていられない。翌日の訓練のルート確認や分担決めなどで、あっというまに時間が過ぎる。

翌日、早朝からスノーシューを履いて、ぞろぞろと山を登る。この日は雪に慣れることが目的なので、日帰りで近くの山に登り、そこでベアリングコンパスを使ったルート工作訓練をおこなう。コンパスなんか使わなくても、GPSがあればすぐじゃん？　って思うかもしれないが、南極ではGPSだけでは正確な位置情報が得られない場合がある。そのため、通常はGLONASSとGPSのふたつの衛星情報を受信できる端末を持ち歩くが、1日中電源を入れっぱなしにすると、あっというまにバッテリがゼロになる。それがブリザードのなかだったらと思うとぞっとする。そんな万が一に備え、ベアリングコンパスを使って、自分が進む方向と距離を地図上に落としこんでいく訓練である。

昼から約半日かけてルート工作訓練をおこなったら、合宿所にもどって、翌日の野営訓練に向けた準備に入った。なんせ、真冬の雪山で野宿するのだ。いくら安全に配慮しているとはいえ、各人がしっかり気をつけなければ即、事故につながる。講習会場で注意事項を聞いたあと、訓練で使用する鍋や灯油ストーブや寝袋などの備品を受けとって、荷物をパッキングした。

そして翌朝。ついに冬訓最大のイベント、野営訓練の日を迎えた。翌日の夕方までは、宿にもどってくることもできない。どことなく昨日よりも重い空気のなか、幕営地（ばくえいち）をめざす。

途中で、自衛隊の一行とすれ違った。白いシーツのようなもので覆われたソリを引いている。一瞬、われわれの一行に緊張が走る。シーツの中身は何だ⁉　まさか……と、最悪な想像が頭をよぎるが、われわれの訓練教官から「毎年、同じ時期に訓練してるんです」と聞いて、ホッとする。

クマの生息域を示す注意書きがあちこちに貼られている

さらに山奥へと入って、ある林道を下ろうとしたときだった。林道入り口にある木の、雪に埋もれない高さの位置に、やたら目立つ色で、「クマの生息域にあなたは入っています」との注意書きが貼られている。ポップ体で書かれてはいるものの、その文言は緊張感を漂わせている。南極にはクマはいないから、クマから身を守る訓練なんて必要ない。なのに、なぜここを幕営地とした⁉　最近は温暖化の影響で、クマが冬眠せず、エサを求めて里に降りてくると聞く。里どころか、かれらの生息域にこちらが入っているのだ。なぜ教官はこのことにいっさいふれない？　だれか猟銃でも持ってるのか？　いや、どう見ても丸腰だ。この地域にヒグマはいないだろうから、ツキノワか？　だとしたら、臆病な性格と聞くから、神経を刺激しなければだいじょうぶか？　いやいや、それは里での話で、いまはかれらのテリトリーに文字どおり土足で踏み入っている……。

口にこそ出さないが、参加者のあいだには明らかに緊張が走っている。しかし、教官からは最後まで「クマ」のひと言を聞くことはなかった。が……、このあと、やはり聞いておくべきだったと思うことになる。

## クマの恐怖と寒さに震えながらの野営

昼過ぎにようやく幕営地に到着すると、間髪入れずに訓練がはじまった。

まずは、寝床となる簡易テント「ツェルト」を張る場所を確保する作業だ。各班にスコップが配られ、雪を四角く切りだして石垣のように積みかさねていく。これには、ツェルトに直接風が当たるのを防ぐ目的がある。続いて、ツェルトを張る。簡易テントといっても、ペラペラの生地のシートを三角テント状にして、中に寝袋を敷いただけの粗末なものだ。通常のテントのような骨組みなんてものはないので、スキー用のストックを2本立て、そのあいだにツェルトの頂点をヒモでくくりつけて形を整えたら完成である。

しかし、この作業で気をつけるべき点がひとつある。それは、ツェルトを張る雪面を平らにすることである。スコップで一心不乱に掘っていくので、どうしても斜めになりがちだが、この傾斜がなるべく小さくなるようにしておかないと、なんとも落ち着かない寝床になる。

寝床の造成作業が完了したら、救護者搬送訓練や食事をつくる訓練が待っている。食事はレトルト食品で、マナスルという灯油ストーブでお湯を沸かして、温める。ただ、それだけ。かんたんに思うかもしれないが、まず、お湯どころか水すらない。いや、飲料用は持っているが、貴重な水をレトルトを温めるのに使うわけにはいかない。じゃあ、どうするか。「水がなければ、雪をとかせばいいじゃない」だ。そのへんのなるべくキレイな雪を探して、鍋に入れてとかすのだ。これが、恐ろしく時間がかかる。弱い火力で、キンキンに固まった氷状の雪をとかし、レトルトが温められる量の熱湯にするまでに、30分以上かかった。

その後は、各チームで集まって夕食をとりつつ、つい数日前にはじめて会った仲間といろんな話をして過ごす。それぞれ、バックグラウンドの違う環境から参加しているため、みんなの話を聞いていると、時間があっというまに過ぎ、

雪を切りだしながらのツェルト設営

ここが雪山でクマ生息域であることを忘れて、遅くまで話しこんだ。

夜10時を過ぎたころ、ツェルトに潜りこんだ。前述したとおり、私は肩というか首筋を冷やすと片頭痛で動けなくなるので、カイロを貼ってシュラフに潜りこんだ。ひとつのツェルトでふたりが寝る。相方は極地研の研究者、Oさんだった。慣れたようすで身支度を整えて、顔までシュラフのファスナーを閉めたら、数分後にスースーと寝息が聞こえてきた。えーっ⁉と驚く早さである。慣れるとこうなのか……と思いつつ、寒いシュラフのなかで必死にカイロが温まるのを待つが、ぜんぜん温かくならない。それどころか風が出てきて、顔にツェルトがぺちぺちと当たる。しばらくすると、起きている人もいなくなり、周囲が静かになった。

私も、寒さで意識が遠のいているのか、眠気なのかわからないはざまで、寝そうになっては起き、寝そうになっては起きをくり返して1時間ほど立ったころ、ザクッ、ザクッと、何かが歩きまわっている音が聞こえた。人が歩くザッザッザッという軽快な音じゃない。1歩1歩、踏みしめて歩く音だ。まさか、クマ⁉ いっきに緊張が走る。音はまだ遠い。だれかが襲われた悲鳴も聞こえない（あたりまえだっ！）。しばらく耳をそばだてているうち、いつのまにか眠りに落ちていた。

「んんんんっ⁉」

下半身に違和感を覚えて、ふと目が覚めた。あわてて飛びおきようとするが、下半身が自由に動かない。シュラフにくるまっているので当然なのだが、意識がハッキリしてくると同時に、なんだ、この冷たさは⁉ と、下半身の恐ろしいほどの冷たさと、右ひざにカタい何かがさわっていることに気がついた。

「ええ⁉ 何⁉」

あわてて上半身を起こすと、なんと、シュラフごと自分の体がツェルトから半分以上、外に飛びだしているではないか！

そう、ツェルトを立てた雪面が微妙に傾斜していたのだ。そのせいでツルツルとシュラフごと滑りでて、ツェルトを張るためのストックに膝が当たっていたのだ。おまけに下半身には、白くなるほど雪が積もっている。

「よかった……クマじゃなかった……」

ひと安心して、ズリズリと匍匐（ほふく）前進でツェルトのなかに這いもどる。厳寒期用のシュラフだったおかげで凍傷にはならずにすんだが、いっしょに滑りでた登山靴はカチカチに凍っていた。

翌朝4時。「星空がキレイだよ」という事務スタッフさんの声で目が覚める。ツェルトを這いだして空を眺めると、きれいな星空が一面に広がっていた。そして、それ以上に、生きていたことに感動した。片頭痛も起こっていない。無事乗りきったという安堵を感じながら、帰り支度をはじめる。この訓練のおかげで、なんとなく、どこでも生きていけるような自信がついた。

## 怒涛のスケジュールで「夏訓」をこなす

冬訓練からしばらくたった4月中旬。大学の私書箱に1枚のはがきが届いていた。年賀状でも暑中見舞いでもない時期に、だれだろう? と差出人を見ると、南極で越冬中のAさんからだった。「え、なんで南極から? どうやって?!」と思ったが、この数週間前に南極から帰国したしらせが届けてくれたのだ。はがきには、南極での状況や半年後に会えることを楽しみにしていると書かれていた。このとき、学内調整や別のプロジェクトなどで疲れがたまっていたが、そんな疲れも飛んで、いっそうやる気が出てきた。

それからしばらくして、ふたたび極地研からドサッと資料が届いた。中身は夏季訓練（通称・夏訓）の案内だった。

夏訓は、冬訓と同じように座学と訓練があり、冬訓以上にみっちりと予定が組まれている。その内容も、冬訓とはくらべものにならないくらい実践的なものが多く、全員参加が必須となる。しかし、大学の春休み期間におこなわれる冬訓と違い、夏訓はド平日の5日間に実施される。つまり、講義をなんとかする必要がある。

私がひとりで担当する選択科目の講義なら、補講などの対応も可能なのだが、本学には必修の実験や実習がある。これは海技士免許（国家資格）の取得に影響するため、教員都合の休講なんてもってのほか。なんとしても実験・実習の日にはもどってこなくてはならない。その授業があるのは週のド真ん中の水曜日。ということは、月・火曜日は訓練を受けて、水曜日は大学にもどって実習、その夜にまた訓練地にもどって、木・金曜日と訓練をすることになる。まさに強行軍。しかも、その訓練地は草津の山の中と、微妙に遠いうえ、お世辞にも交通の便がいいとはいえない。はたして、予定どおりもどってくることができるのか……。

6月中旬、いよいよ夏訓初日となった。例によって、参加者は極地研に集合してバスで草津へ向かう。草津と聞くと、温泉地でいいねえ、なんて思うところだが、訓練地は山奥の人里離れた場所。夜になれば街灯もない。訓練地に着いたら、さっそく調査チームごとに集まって、物資の輸送計画やヘリコプターのオペレーション予定にあわせた観測計画を立てる。あるていどは事前に準備をしてきているが、翌朝までに資料をそろえないといけないので、ゆっくりしている時間もない。打ち合わせ、食事、打ち合わせ、打ち合わせ……といったぐあいである。

とくに研究者にとっては、自身の研究とほかの参加者の研究との調整が重要で、「ほかの人の研究だから自分は知りません」は、南極では通用しない。メンバー全員で、みんなの研究をサポートする。そのための打ち合わせが夜遅くまで続く。

翌日も、分刻みのメニューが組まれていた。ヘリコプターの輸送計画などに関する打ち合わせが主だが、われわれ野外調査に出るチームは、救急救命講習や屋外に出てのフィールド訓練などもある。訓練の5日間で、風呂に入り食事もとったはずなのに、正直、どんな宿だったかもふくめて、まったく記憶がない。それくらいギチギチのスケジュールで訓練が進む。最初の2日間があっというまに過ぎ去った。明日は実習のため、東京にいなくてはならない。

火曜日の訓練が終わったのは、もう夕方だった。これから夕食という時間に出発して、東京をめざす。1日数本のコミュニティバスと高速バスのような路線バス、ローカル線、新幹線を乗り継ぎ、自宅に着いたのは日付が変わるころだった。正確には覚えていないが、乗り継ぎを入れると7時間近くかかった。東京―大阪を往復できてしまう。その場所に、明日にはまたもどらなくてはならないのだ。

翌日、約4時間立ちっぱなしの実習を18時ごろに終え、急いで車で草津の訓練地へ向かう。途中、カーナビが最短ルートとして山越えを選んだことで、街灯も対向車も後続車もないグネッグネの山道を走り、雨のあとの濃霧で視界が数m先しかない状態で、ほんとうに車が通れるのか⁉ と思うような細い道を抜け、案の定、当初の予定よりも遅い時間に到着した。とはいえ、なんとか無事に、翌日からの訓練にふたたび合流できたのだった。

しかし、5日間の訓練を乗りきっても、夏訓は終わったわけではなかった。草津での総合訓練以外に、調査チームごとに別メニューが用意されているのだ。われわれのチームは、なんといっても野外でのサバイバル能力が求められる。2月の雪山での訓練に続き、7月と8月に、海と湖での訓練が実施された。

こういった訓練をこなしつつ、約3か月後に迫った南極出発に向けて、大学の業務の調整だけでなく、しらせへの物資搭載の準備やROV用の予備部品の調達、個人装備品の購入などを効率的に片づけなければならない。さらに、この年は北極海でのROV調査も入っていた。こちらは研究予算の関係で断念せざるをえなかったので、結果として北極海には行けなかったのだが、4月時点では約4週間の航海が予定されていた。個人的には1年のうちに北極から南極へと縦断するのをやってみたかったが、いまになって思うと、そんなことをしていたら、たぶん体が壊れていただろう。

こうして、怒涛の日々のなかですべての準備が終わるころ、季節は秋となっていた。政府との調整も無事に完了し、いよいよ、出発が目の前に迫る。

# 2章 深海ロボット、南極に立つ

ついに南極上陸！
……のはずだけど、
なんで岩だらけ !?

# 1 いざ、南極へ

## しらせとの2週間ぶりの再会

「いつ南極に行くんだよ！」と、ツッコミが聞こえてきそうだが、南極に行くというのがどれほどたいへんかは、おわかりいただけたと思う。お待たせしました。

私が参加した第59次南極地域観測隊は、オーストラリアのフリーマントル港からの乗船であったことから、2017年11月27日の夕方に成田空港を出発し、ブリスベンで乗り継ぎをして、翌日の昼ごろに西オーストラリアのパース空港に到着する旅程になっていた。意外かもしれないが、南極観測隊は国家事業とはいえ、移動に使うのはフツーの民間機である。私が参加した隊次では海外の航空会社の飛行機だった。せめて日本の航空会社なら、機内で応援のひと言でももらえたかもしれないが、そんな感動的なサプライズもない。

そのため、せめて見送りくらいは盛大にと、成田空港には観測隊員の家族や勤め先企業の人など大勢が集まり、ちょっとした騒ぎになる。保安ゲートの前に人の垣根ができるので、事情を知らない人から、「だれか芸能人が来てるの？」と聞かれることもある。そんな家族や仲間の見送りを背中に受けつつ、これからはじまる南極生活に向けて日本を離れる。私の場合、大阪の実家から家族が来ていたが、出国手続き開始の時間は出発の数週間前まで決まらないため、「夕方には保安ゲートに入るんじゃない？」と適当に伝えていた。そのため、家族は東京駅からの帰りの新幹線を19時に予約しており、「明日、仕事だからー」と、出国前にあっさり帰ってしまった（なぜ、飛行機の成田―関空便にしなかった⁉）。

成田空港からパース空港までは、乗り継ぎの待ち時間も入れると、半日以上かかる移動となる。最近はパースまでの直行便もあるが、この年は委託を受けた旅行代理店が最安ルートで旅程を組んでいた。飛行機のなかでぐっすり寝られればいいのだが、慣れない異国の機内では、あまりよくは眠れない。さらに、観測隊員の航空券は団体で一括購入されるため、席を自由に選ぶことができない。運よくいい席に当たればラッキーだが、相性の悪い席だと、朝まで完徹なんて人もいる。パース空港に着くころにはほとんどの隊員がぐったりしているが、まだ終わりじゃない。空港から、さらに団体バスで1時間ほど移動し、ようやくしらせが待つフリーマントルに到着した。

11月12日に晴海埠頭で見送って以来、2週間ぶりに目にするオレンジ色の船体。思わず「待たせたなあ！」と言いたくなる。バスを降りると、荷物を持っていよいよ乗艦であるが、しらせはフリーマントル港の外国船籍用の岸壁に着岸しており、出入りのさいは門番に隊員のＩＤカードを見せないと乗れないしくみになっている。ゲートのなかに入ると、大きなキャリーケースなどはいったんその場に置いて、隊長を先頭に船のタラップを登る「観測隊乗艦」の儀式がある。タラップを登りきった先にある舷門（げんもん）では、しらせの艦長以下、幹部のみなさんが敬礼で出迎えてくれる。これから4か月間もお世話になる海上自衛隊のみなさんの歓迎に胸が熱くなる。と、同時に、艦の最高責任者による出迎えという恐れ多い待遇に、ふだんから船に乗る身としては恐縮してしまう。

　フリーマントルでは観測隊員の乗艦以外にも、物資の積みこみや補給があるため、約5日間の滞在期間が設定されている。観測隊員の多くは船での生活がはじめてなので、まずは船内生活の指導を受ける。その後、免税品の積みこみに関する諸注意や、連絡事項の伝達などを経て、夕方ごろ、ようやく1日目の行程が終わりとなる。前日の夕方に日本を出て大移動をし、みなくたくたの状態だが、夜は街にくり出して、食事をしたり

観測隊長を先頭にしらせへ乗艦する

フリーマントル港にて観測隊の到着を待ちかまえるしらせ

Free Wi-Fiを求めて歩きまわったりと、思い思いに過ごす（だいたいFree Wi-Fiの使える店でバッタリ会う）。

夜も更けきったころに船にもどると、待っているのはベッド・メイキングである。しらせの観測隊員の居室はふたり部屋で、2段ベッド、収納式デスク、ロッカー、ソファ、洗面台が備えつけられている。居室の壁にはベッド・メイキングの作法を記した紙が貼られており、これを参考に「快適」な寝床をつくりあげるのだが、すでに疲労困憊（こんぱい）の状態では、正直、めんどくさい。できることならこのままベッドに倒れこんで寝てしまいたい。しかし、出港前にそれをしてしまうと、以後、「ま、いっか」とそのままにしてしまう傾向にある。なので、1日の作業が終わった解放感で浮足立って外出するまえに、ベッド・メイキングをすませておくことをお勧めする。ちなみに、ふたり部屋なので、パーソナル・スペースはほぼないに等しい。そのため同居人との相性も気になるところだが、今回、私が同室だったのは国土地理院から来ていた、仏のような慈悲に満ちあふれている方だった。同じチームではないが、同室のよしみで、4か月間、さまざまな場面でかなりお世話になった。

翌日も、朝から物資搬入の手伝いなどで精力的に動きまわる。クレーンで甲板上に積みこまれた物資をバケツ・リレー方式で船倉へと運んでいくが、これまた慣れない作業なので、リレーの間隔に粗密ができてよけいに時間がかかったり、物資が迷子になって「これ、どこ持って行く?」と尋ねあったりと、ここでも共同作業の練習がおこなわれることになる。

## しらせに持ちこみたい旅グッズ

作業のあいまには、これからの航海で必要になる物資の買い出しに出かける。日本で買いそびれたものや乗船経験者のアドバイスによるものなどを現地のスーパーで調達する。とくに、賞味期限があるような嗜好品は、手荷物が無理ならここで買うしかない。しかし、手に入らないものも少なくない。日本ならコンビニや100円ショップなどがそこかしこにあるので、思いついたらすぐに買いにいけるが、オーストラリアでは当然、「これ、あったらいいのにな」というものが気軽に買えないのだ。私もそこそこ乗船経験は長いほうなので、あるていどは日本からしらせに搭載していたが、やはりあとになって「あ、アレ忘れてた！」なんてことがある。

今回は、スニーカーを積みわすれた。艦内でのジョギング用シューズやレセプション用の革靴は積んでいたのだが、艦内で気軽に履く、いわば「上履き」を忘れていた。日本から履いていったカジュアル・シューズもあるが、毎日の生活ではちょっと疲れてしまう。というか、夜中にトイレに行くくらいでバックスキンの靴に履きかえたくないのだ。また、われわれが到着した11月下旬のオーストラリアは夏で、気温は30度超えの日が多くなる。たった5日の滞在期間とはいえ、気軽に履けるスニーカーがほしくなり、現地の日用雑貨店で購入した。

そのほかにも、すでに南極入りしている前次隊の人から頼まれていた食材や物資の買い出しにいった。賞味期限が半年くらいあるロングライフミルク（牛乳）やお酒、野外観測で昼ごはんにするパンやお菓子など、ひとりじゃ持ちきれないくらいの量だったので、ほかの人に手伝ってもらいながら、2、3回に分けて買い出しにいった。「こんなに食べきれるの？」と思ったが、そこは、さすが経験者の発注。南極から帰るころにはほぼ完食だった。

というのも、昭和基地から遠く離れた場所で観測をするチームには、ちょっと変わった食料事情があるからだ。昭和基地では調理担当者が毎日料理をつくってくれるが、野外観測チームはすべて自分たちで調理しなければならない。もちろん、そのための食材は調査日数におうじて自衛隊から支給されるが、なんでもかんでもあるわけではないので、「これがほしい！」というものは、自前で準備しなくてはならない。しかし、何が必要かなんて、はじめて南極で野外観測をする者にはまったくわからないので、経験者のアドバイスが活きてくる。また、コンビニのない生活が4か月となると、「あれ食べたい」「これ飲みたい」という思いも出てくるため、ふだんの生活で口にしているようなものは各自で購入して持ちこむことになる。

そこで、食料以外もふくめて、個人的「あったらいいな」コレクションをまとめてみた。

## 雑貨編

私がこれまでの船の生活で編みだした技でいちばんオススメしたいのが、伸縮ポールを使った小物入れだ。ひとり部屋なら散らかしてもだれからもとがめられることはないが、相部屋の2段ベッドなどでは、自分の荷物を最小限のスペースに置く必要がある。そこで、100円ショップでも入手可能な伸縮ポール2本とワイヤーネットを組み合わせて、簡易的な小物入れをつくる。ここに、目覚まし時計がわりのスマホや寝るまえに読む本を入れたりすると、ベッドまわりがすっきり片づく。いろんな船に乗ってきたが、だいたいの船で、就寝時にはずした眼鏡の置き場に困る。朝起きたらベッドのすきまに落ちていて大あわて、なんてことも過去にはあったため、乗船するとすぐに、この簡易小物入れをつくるのが習慣になっている。

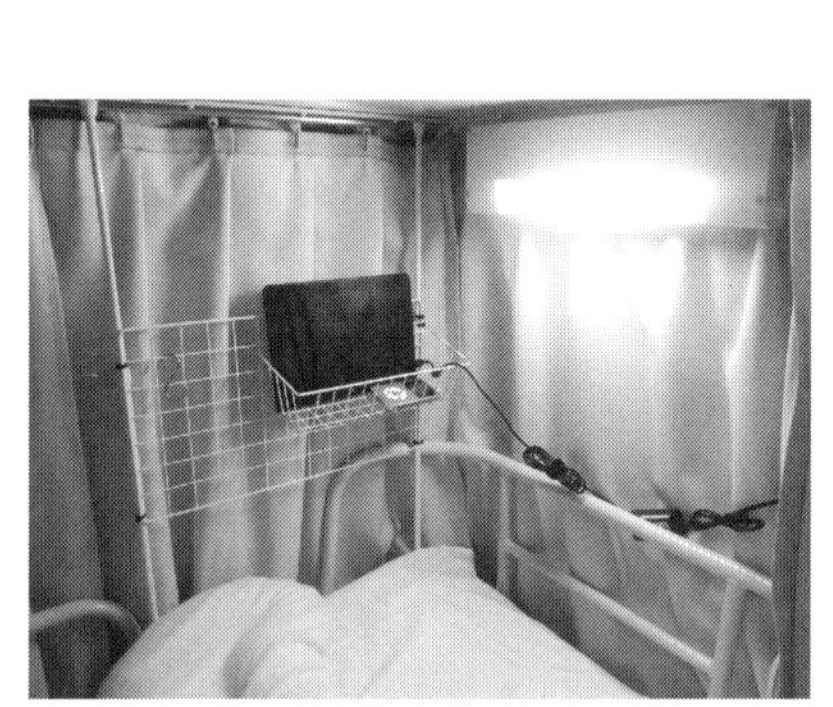
伸縮ポールとワイヤーネットを活用した小物入れの作例

箸・スプーン：自室で食べるときに便利
マグカップ：なにかと使えて便利（割れる素材はNG）
S字フック：モノをぶら下げるのに便利（ただし、揺れる海域ではガチガチ当たって迷惑になるので要注意）
養生テープ：何かを固定するときに便利
保温ボトル：ふたができるので、揺れる船では便利

テーブルタップ：ベッドサイドまでコンセントを延長するのに便利
赤いライト：夜間の艦内は赤いライト以外NGなので、あると便利
結束バンド：がっちり固定したいときに便利
工具セット：ニッパは爪切りがわりにもなり便利
枕：枕があわないと、航海がいっきに苦痛になる。意外と重要なアイテム
瞬間接着剤：何用？と聞かれても困るが、あると便利
洗面用具入れ：カゴに入れておくと、風呂にそのまま持っていける
シャンプー・リンス：ノンシリコンなど、お気に入りのものがあれば必須
柔軟剤：通常の洗濯洗剤しかないので、必要な人にとっては便利
予備の時計：南極への往復では十数回の時刻帯変更があるため、1個は日本の時間にあわせておくと便利。ただし、秒針がカチカチなるのは耳障りになるので要注意
外出用のバッグ：オーストラリア滞在中、ふだん使いのバッグがあると便利。南極で使う大きなリュックなどはじゃまになるので
ハンドソープ：各居室の洗面台には常備品がないので、あると便利
PC用ポータブルドライブ：ノートPCにドライブがない人は持っていきましょう
ポータブルHDD：撮った写真のバックアップは必須！
居室用サンダル：ほかのエリアや甲板はNGだが、居室はサンダルOK！

USBメモリ：写真データなどの受け渡しに便利

## 食料編

南極行きについて言えば、食品は必須ではない。艦内では、これでもかというくらい食事が出るのと、バランスやリズムが一定なこともあって、間食をほしくなることがあまりなかった。それ以前の乗船では、おおかた夜中にむさぼるお菓子や夜食を折りたたみコンテナいっぱいに持っていっていた。南極にも同じ感覚で食料を持っていったが、ほとんど手をつけなかった。しかし、そのなかでも「あったらいいな」と思ったものを紹介する。

チョコレート：なぜか甘いものがほしくなる
果汁飲料：オレンジジュースやリンゴジュースが意外とオススメ
生クリーム：これは4か月のあいだに口にすることがほとんどないのでオススメ
ボトルガム：置いてあると、なぜかすぐに減る（無意識に口に入れてしまう）
ヨーグルト：これもあまり艦内では出ないのでオススメ。12月にオーストラリアで買えば、年明けくらいまで賞味期限がある
カップ麺：ほとんどほしくなることはないが、食べたくなったときの保険として持っていると精神衛生的にいい

スナック菓子：個人消費というより、みんなでワイワイやるとき用
のど飴：艦内は乾燥しているので、喉を保護するためにもあるといい
ココア：持っていると人気者

フリーマントル滞在中におこなうのは、物資の搭載や買い出し、残してきた仕事の処理だけではない。観測隊にはもうひとつの役割がある。オーストラリアの日本人学校の生徒さんのしらせ見学会や、地元の議員さんや企業人などを招待する艦上レセプション、西オーストラリア州に拠点を置く日本企業でつくる日本人会のみなさんが開催する忘年会などの行事に参加するのだ。どの行事も盛大におこなわれるが、日本人会の忘年会ではオーストラリアで活躍する人たちと交流できる。家族で住んでいる方、単身赴任している方などさまざまで、慣れ親しんだ日本を離れ、さらに家族とも離れて単身で活動している方から話を聞くと、「自分にそんな根性あるだろうか」と頭が下がる思いだ。海外でさまざまな苦労をされてきたであろう人たちから、「南極みたいな寒い場所で活動されるなんて、すごいですね！」「成果が聞けるのを楽しみにしています！」なんて言われると、がぜんやる気がわいてくる。

隊の仕事のほかにも、残してきた仕事やメールの対応に追われて、あっというまに時間が過ぎる。しばらくは日本への連絡も満足にできない。出港前日の夜は門限ギリギリまで、ダメ押しの買い出しや家族への連絡などでバタバタとする。

そして翌朝——。

ミーティングで、出港時の整列場所や帽振れ（自衛隊艦船において、出港時に帽子を振る礼式のこと）について説明がある。それが終わると、いよいよ出港である。もう、このさき4か月間は文明圏から離れた生活になる。舷側（げんそく）から岸壁へと降りる1本のタラップが尊く感じる。「駆けおりてカフェに行きたい！」「あれ買っておけばよかった！」——そんな声があちこちから聞こえるが、すでに岸壁の門は閉じられ、屈強なガードマンが立っているので、行けるわけもない。勇気を出して行ってみたところで、行き先はカフェではなく入国管理局だろう。

出港時間が近づくにしたがって、岸壁には地元の人や日本人会の人びとがじょじょに集まり、子どもたちが歌を歌ってくれたりする。やがてタラップが完全に上げられると、ほどなくして1万2500トンの巨大な船体がゆっくりと岸壁から離れはじめる。最初は、あまりにゆっくり、かつ振動もほとんどないので、船が動いていることに気づかない。眼下に見えていた灰色の岸壁から青い海が見えはじめて、ようやく離岸したことに気づく。

　となりでは、今回の調査に参加したオーストラリア人の大学院生が、見送りにきた両親に手を振っている。「まだ電波がつながるよ」と教えてあげると、電話をして両親の声に涙を流していた。そりゃ、不安だろう。親元を離れるだけでなく、ルールも作法も違う異国の船で、行き先は未知の大陸・南極なのだから。今回、私はこのオーストラリア人大学院生のホスト役であったため、出港前にご両親に会って、艦内での生活や南極の現地での調査などについて、自分が行ったこともないのにいろいろ説明をしなければいけないという大役を仰せつかっていた。そのなかでも、自衛隊用語とでもいうべき号令などは、われわれもふだんの生活でなじみがないため、一瞬、「?」となることがあり、これを翻訳するのにえらい苦戦した。幸いにも、ご家族は日本に少し住んでいたことがあり、かんたんな日本語にすることでようやく伝わったが、自分の語彙力のなさを痛感した。

　そんな、「不安∨期待」な状態のわれわれを乗せたしらせはじょじょに速度を上げ、岸壁との距離が開いていく。つい1、2分前までは飛びおりれば岸壁に着地できたであろうが、いま飛びおりればまちがいなく海の藻屑（もくず）といった距離。岸壁からの声援の声がだんだんと小さくなるのが寂しくて、舷側に並んだみんなはいつまでも思いきり手を振っている。このとき私の頭のなかでは、言うまでもなく「宇宙戦艦ヤマト」が流れていた。「手を振る〜人に〜笑顔で応え〜♪」。出港のときはいつも、頭のなかでこの歌がエンドレス再生される。ただ、今回は「かならずここへ」は帰ってこず、4か月後の入港先はシドニーである。そんなことをひとり考えてニヤリとする私は、このとき、これから起こる大事件（珍事？）を知る由もなかった。

## 大忙しの往路

感動的な出港から2時間ほどがたち、昼を過ぎるころには陸が見えなくなっていた。もうここまで来たら「不安∧期待」となり、ついにはじまった南極への航海に、みんなテンションが高くなる。しかし、ここから怒涛の日々がはじまる。南極までは約3週間の航海であるが、そのあいだにやることが目白押しなのだ。

まずは、艦内の設備を頭にたたきこむための艦内レクチャーがある。これはどの船でもはじめて乗る人には必要な教育で、艦内のどこに何があるかを把握しておかないと、万が一のさいに迅速な行動ができないからだ。

次いで、船の緊急事態に備えての総員離艦訓練がある。じつは救命艇は、だれでもどのボートにでも乗っていいというものではない。いや、背に腹はかえられない事態ではもちろんいいのだが、1隻の救命艇に大勢が集中すると多重事故のもとになるので、緊急時に自分が乗る救命艇はあらかじめ決められている。船によっては「退船部署表」などと書かれた紙が居室に貼られていて、脱出時にはだれが何番の救命艇に乗るか、何を持っていくかが明記されている。

しらせの場合、観測隊員は救命具以外は手ぶらでいいのだが、研究船などでは「毛布」とか「データ」といったように、各員が手分けして船から持ちだす物品も併記されている場合がある。こういったことは有事のさいには往々にして手間どるので、反復訓練が必要になる。このほかにも、ヘリコプターに救助してもらうさいのつり上げ訓練や、野外観測地へ迎えにきたヘリコプターに風向きを知らせる発煙筒の扱い方、小型の観測ヘリコプターへの搭乗のしかたなど、さまざまな訓練が実施される。

また、訓練のあいまにはさまざまな安全講習がある。たとえば、昭和基地内での作業ではどのような点に気をつければいいか、野外観測に出るさいの歩き方や、動きやすい服装と防寒着の選び方、歯の磨き方（医師が指導）まで、その内容は多岐にわたる。メニューの多い日は朝から夜までみっちり訓練や講習が入っているので、優雅に船旅なんて余裕はない。

さらに、これら訓練や講習とは別に、今回の南極観測事業でどのような研究・観測を実施するのかを、研究者や観測隊員が紹介する「しらせ大学」もおこなわれる。観測系の隊員には、海氷や雪氷の研究者もいれば、ペンギンの研究者やオーロラの研究者もいる。設営系の隊員には、基地のインフラを守る発電機メーカーや通信事業者、雪上車のメーカー、ハウスメーカーなどのほか、医師、調理師など幅広い職種の人が参加している。どの隊員も第一線で活躍する凄腕ぞろいだ。おもに自衛隊に向けての事業説明的な意味あいもあるのだが、かなり専門的かつ本格的な講義であるため、毎回、立ち見が出るほど多くの人が参加する人気イベントになっている。

## 食事だ！　祭りだ！

　そんなあわただしい日々のなかでも楽しみがある。お待たせしました。食事の時間です。

「配食用意！」の艦内放送とともに、各室から食堂へぞろぞろと人が集まってくる。しらせの食事の時間は1日3回で、朝は6時15分、昼は11時45分、夜は17時45分である（ただし航海中、昭和基地接岸中、寄港地接岸中には時間が変わる）。食事はビュッフェ・スタイルで、各自でお皿に好きな量を盛りつけていく。

　しらせは海上自衛隊の艦船であることから、長い航海でも曜日感覚を保つために、毎週金曜の昼食はカレーと決まっている。いまや名物とでもいうべきこの自衛隊カレーには、艦艇ごとに伝統的に受け継がれる独自のカレーが存在する。しらせには日本各地のさまざまな部隊から隊員が集まっている

ノーマルカレー＋メンチカツ＋サラダ＋ゆで卵＋パイン＋チーズ＋牛乳

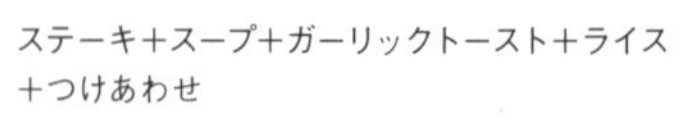

ステーキ＋スープ＋ガーリックトースト＋ライス＋つけあわせ

ため、カレーのレパートリーもさまざまで、毎週違うカレーが出されていた。ちなみに、いわゆる「海軍カレー」は、カレーの材料云々ではなく、サラダと牛乳がつくのが定義らしい。さらに、毎月「9」のつく日は「肉の日」となっていて、夕飯にはステーキが出される。そして最大のイベントは、「9」のつく金曜日の食事だ。昼にカレー、夜にステーキ。これはもう祭りだ。

毎日3食の食事以外に、南極観測船の名物（?）ともいうべきイベントがある。ソフトクリームの配食である。じつは、初代南極観測船「宗谷」の時代にも、クーラーがわりに暑さをしのぐ目的で、アイスクリーム・フリーザーが搭載されていた。しらせ（59次隊）では、3日間限定で昼食後と夕食後に配食される。これが老若男女問わず大人気のイベントで、長蛇の列ができる。長いときは10分待ちなんて日もある。食堂の前にはソフトクリームの看板まで出る手のこみよう。なんでも全力でおこなう自衛隊のおもてなし精神に感動である。

ソフトクリームの日は、食堂前に出されるしらせ牧場の看板が目印

## 荒れ狂う暴風圏に突入

フリーマントルを出港してほどなく、しらせはいわゆる暴風圏に突入する。「吠える40度、狂う50度、叫ぶ60度」といわれる海域で、緯度が増すにつれて波が高くなり、船体動揺も激しくなる。この暴風圏通過については、さまざまな映画や小説などで過酷なシーンが描かれているので、はじめて船に乗る人にとっては身がまえてしまうほどの恐怖といえる。そのため、大量の酔いどめや経口補水液を購入して、万全の体制で乗船する人が少なくない。荒れ狂う海は何度も経験しているが、私もやはり前評判におじけづいて、ふだんは買わない酔いどめを大量に買って持っていったひとりである。

しかし、2代目しらせは、船の動揺を軽減するための「減揺装置」が搭載されていることに加えて、船体下部がバスタブのように広くなった和船タイプであるため、じっさいのところはあまり揺れない。いや、正確にいうと揺れる。傾斜角20度なんてフツーだ。居室の椅子が端から端へと滑っていくし、艦橋の窓にまで波がかぶるくらい。なので、ダメな人にはダメなのだが、私が参加していた59次隊でいうと、「南極物語」のように酔って自室から出てこられないような人はごく少数だった。私も、酔いどめのふたを1回も開けることがなかった。低気圧や前線の位置によっても海象（かいしょう）が変わるため、一概にはいえないが、自衛隊員に聞いても「新しらせになってからは、あまり酔わない」と話していたので、造船技術の進歩のおかげということにしておこう（と言いつつ、備えあれば患いなしというこどもあるから、酔いどめについては自己責任で判断してほしい）。

そんな暴風圏も南緯55度を越えると、ここから南は南極圏となる。だからといって何かが変わるわけでもなく、自衛隊員や観測隊員は手当の額が変わり、寒さ対策で1日の食事の摂取カロリーが増えるくらいである。研究同行者（国内出張扱い）の私にとっては、前者はまったく関係がないので、摂取カロリーが増えることで太らないように気をつけるくらいである。

そのほかに強いて変化をあげるなら、しらせ艦内の郵便局が開局する。しらせの艦内には正式な日本郵便の支局があり、自衛隊員が郵便業務を請け負っている。窓口では切手も販売して

しぶきを上げて暴風圏を通過するしらせ

いるので、出しわすれた年賀状を出すこともできる。「しらせ船内」という消印を押してもらえるので、ちょっとした記念にもなる。ただ、送り先に届けられるのは夏隊の帰国（3月下旬）よりも遅い4月中旬（しらせの帰港が4月10日ごろ）なので、「あれ？　アイツとっくに帰ってきてるじゃん。日本で投函したの？」と思われがちである。なので、どちらかというと、越冬隊の人から届くほうが感動的である。

　さらに船は南下を続け、チラホラと流氷を目にすることが多くなる。外気温も0度になる日が増えてきて、いよいよ南極が近づいていると実感する。なまった体を鍛えて外気温に慣らすため、甲板上で運動をする人の姿も増えてくる。「艦上体育」とよばれる、船の外周を走る運動だ。日によって時計回り・反時計回りが決まっていて、朝の艦内放送で知らせてくれる。流氷を見ながらランニングなんて、ぜいたくな響きであるが、じっさいは、吸いこむ空気が冷たすぎて肺が痛い。咳きこむほど。

　しかし、感動的なシーンにも遭遇する。野生のクジラやシャチ、ペンギンなどの生物も頻繁に見られるようになる。洋上の浮遊物などを監視している自衛隊員が生物を発見すると、「左舷にクジラの群れ」などと艦内放送をしてくれる。すると、甲板上にカメラや双眼鏡を持った

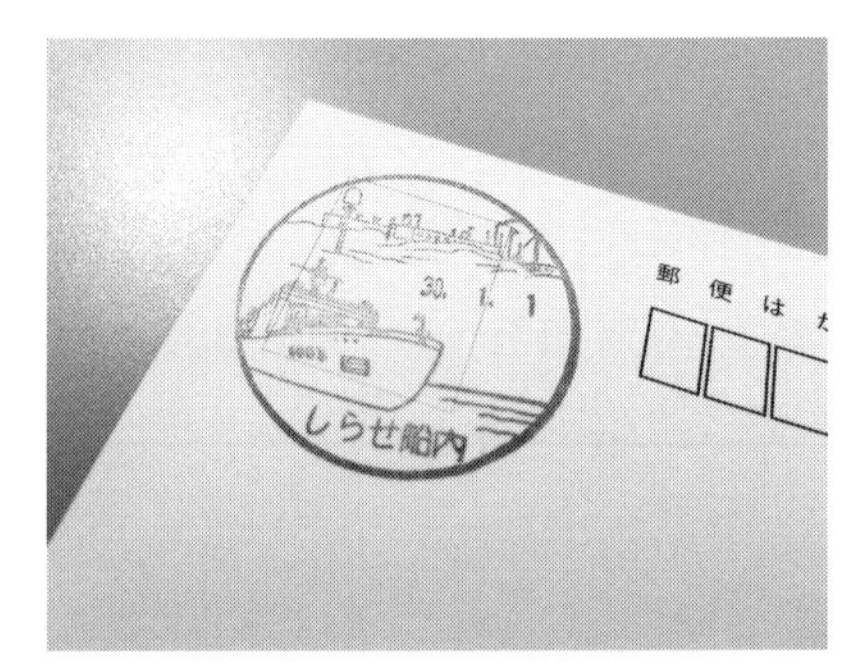

「しらせ船内」の消印

人が集まってくる。ランニング中の人も足を止めて、「さっき、コッチの方角にいたよ！」と、いっしょになって探したりする。もうこのころには船はあまり揺れなくなり、自室から出てこられなかった船酔いさんたちも、いっしょにごはんを食べるまで復活している。

12月8日にはじめて氷山とペンギンを視認した。また、12月11日には日没前にグリーンフラッシュという現象が見られた。これは日没の直前に太陽が緑色に輝く現象で、気温や湿度など、さまざまな条件がそろわないと見られない貴重なものだ。この日は朝から雲が晴れて空気が澄んでいたこともあり、日没前に艦橋（かんきょう）に上り、その瞬間を待っていた。そして、日没の22時11分（現地時間）ごろ、太陽が水平線に沈みきる瞬間、そこに高輝度LEDでもあるのかと思うくらいきれいなグリーンの光を放ちながら、太陽は姿を消した。ほんの数秒のできごと。でも、その瞬間、いつもは緊張感のある艦橋内が「すっげえええ!!」と沸きたった。幾度となく船に乗っている私もはじめて見る光景だった。こういった大自然を感じる瞬間は、ふだんの生活ではなかなか経験できないので、とても刺激的である。

## 上陸前の一大イベント、怒涛の糧食配布

フリーマントルを出港して2週間が過ぎ、暴風圏も抜けて船の生活にも慣れてきたころ、ついに上陸の準備がはじまった。あと1週間もすれば、いよいよ南極上陸だ。とくに、昭和基地

に入らず、しらせから直接、野外観測に出るチームはあわただしくなる。

そう、私は今回、この野外観測チームに参加していた。野外観測チームは昭和基地以外の場所をベースキャンプとして、生物や地質、雪氷、宙空などの観測をおこなうのだが、宗谷海岸沿岸にいくつかのベースキャンプがある。同じ宗谷海岸沿岸とはいえ、もっとも遠い場所では、オングル島の昭和基地から60㎞以上離れている。これらのベースキャンプはそれぞれ役目が決まっており、たとえばラングホブデの「袋浦（ふくろうら）」という場所はペンギンのルッカリー（営巣地）近くにあることから、おもにペンギンの研究チームが使用する。また、スカルブスネスの「きざはし浜」は、近くにさまざまな湖沼が点在することから、陸水生物研究や地学研究のベースキャンプとして使用されることが多い。私が約6週間の南極生活を送るのは、このきざはし浜だ。各ベースキ

南極観測の拠点が並ぶ宗谷海岸沿岸

ャンプには小さなカブース（小屋）があり、そのなかで寝起きし、食事をしたりサンプルを処理したりする。もちろん、南極料理人なんていないので、調理も自分たちでやらなければならない。

野外に出るチームにとっては、船から支給される食料が命の源で、不足は死活問題である。そんな食料の配布は、船を挙げての一大イベントとなる。日本から積んできた肉や魚や野菜、調味料や保存食などを船倉から引っぱりだして、想像を絶する量をチームごとに振り分ける。その名も「糧食配布」。各チームに配布される食料は、あらかじめチームの人数と野外観測の日数にもとづいて配布量が計算される。昭和基地から離れて生活しているため、足りないからといって気軽に補充してもらうわけにもいかない。ブリザードが吹けば、数日間はヘリ輸送ができないこともある。そのため、生鮮食品のほかに缶詰やカップ麺などの保存食も配布される。

今回、私はチーム全員の胃袋を預かる糧食担当の任務を背負っていた。といっても、はじめて南極に行くので、何をしていいのかわからない。言われていることは、「食料を持ってきて」のみ。最初は、配布予定表にもとづいて食料が配られるものだと思っていた。しかし、ほぼ毎日のように訓練や講習の予定がつまっているなかで、野外に出るチームのためだけにそんな悠長に時間は避けない。野外観測チームの関係者が緊張の面持ちで配布場所に集まる。そして、自衛隊からの説明のあと、ついに食料の配布がスタートする。船の冷凍庫から、つぎつぎと食料品が運びだされてくる。種類なんて関係ない。とにかく手前からどんどん出される。これを人海戦術で、野菜や冷凍食品や調味料などに分類していく。

「つぎいい！　冷凍パスタアア！」「はい！　つぎいい！　たまごおおお！」……

配布開始と同時に怒号が飛びかう。配布場所の机は、あっというまにうずたかく積まれた食料品で埋めつくされる。そして、ここからが本番。種類ごとに分類された百数十種類の食料品を、こんどはチームごとに分けていく。

「まずは米ええ！　湖沼おお50kg！」「ペンギン！　25kg！」と、つぎつぎにチーム名と配布数量が読みあげられる。読みあげられたら、すぐにとりにいく。もたもたしていると、どこかへ運びだされて、「あれ、これいらないの？　じゃあ、ウチもーらい♪」と、ほかのチームの胃袋に消えることになる。なので、食料を受けとりにいく担当と、員数をチェックして梱包する担当の最低2名が必要になる。取りにいく、チェックする、仕分けるの作業を並行しておこなわなければならない。

とくに仕分けの作業はセンスが問われる。というのも、ベースキャンプには食料用の冷蔵庫や冷凍庫はなく、食料は基本的に屋外で管理するため、いちどにすべての食料を持ちだしてしまうと、生鮮品や冷凍品は腐ってダメになってしまうことがあるからだ。そのため、野外観測期間の長いチームは、最初に持ちだすぶん以外は、観測期間の中盤・終盤などにヘリコプターで空輸してもらう。しかし、ブリザードなどで長期間ヘリコプターが飛ばない日もあるので、どのタイミングで、どの食材を、どれくらいの量運びだすかを見極めるセンスが問われる。

だが、これまた初南極の者にとってはまったく未知の世界。さらに、野外観測チームには観測支援や別のチームの人員も出入りすることがあるため、日によって滞在人数が変動する。なので、私の場合は、まず保存のきかない生鮮食品と、冷凍食および保存食のふたつに分類して、保存のきかないものは序盤・中盤・終盤の3回に分けて輸送する計画にした。あとは、滞在人数や日数におうじて単純計算することにした。そうでもしないと、百数十種類の食料品をあれこれ振り分けているうちに、南極に着いてしまう。

怒涛の糧食配布は約2日間で終わるが、糧食担当は配布開始の数日前から食材リストとにらめっこをし、配布後は食材とにらめっこをする。朝から晩まで食材のことばかりを考える日々が続く。そのため、大げさと思われるかもしれないが、夢にまで見るのだ。「あ！　あの食材、中盤輸送のほうに入れちゃったかも！」と気になって、夜な夜なゴソゴソとダンボールを開けて確認したりする。言っておくが、けっしてつまみ食いなどはしていない。いや、ホントに。それをやったら、万が一の場合、自分も死活問題なので。

## 彼方に南極大陸が見えてきた

糧食配布も一段落したころ、しらせが海氷域に侵入した。ここからは砕氷航行がはじまる。しらせは2通りの砕氷方法で氷を割って進む。ひとつは連続砕氷、もうひとつはラミング（チャージング）砕氷である。連続砕氷は文字どおり、船の進む力で連続的に砕氷する航法で、一年氷帯などの薄い海氷域を航行するときにもちいる。一方のラミング砕氷は、連続砕氷が難しい分厚い氷（多年氷帯や定着氷）を砕氷するさいの航法で、いったん船をバックさせ、助走をつけてから前方の氷に突進して砕氷する。その後、前進が止まったら、ふたたび船をバックさせて、助走と突進。これをくり返す。ラミング砕氷中は、砕氷の衝撃で、船体が上下左右に大きく揺れる。ふだんの声量では聞きとれないことがあるくらい、「ガコン！　ガコン！　ガコン！」というひじょうに大きな音もする。となりのビルが基礎工事の杭打ちをしているようなと言えば、想像していただけるだろうか。

そんな砕氷船の名物ともいうべきラミング砕氷は、ここ数年はその回数が減っているが、過去には3000回以上実施した年もある。ちなみに、

ラミング砕氷のために後進するしらせ

2代目しらせになってからの過去のラミング回数は下の表のとおりである。

表を眺めていると、なんとなく、増加から減少へという傾向があるようにも見えるが、地球の気候変動に大きく左右され、その年の氷の状況によって変化するので、翌年には増えるのか減るのか、まったく予測がつかない。

| | |
|---|---|
| 51次 | 3414回 |
| 52次 | 3248回 |
| 53次 | 4231回 |
| 54次 | 2323回 |
| 55次 | 4563回 |
| 56次 | 5406回 |
| 57次 | 1852回 |
| 58次 | 114回 |
| 59次 | 28回 |

海氷域でラミング航行がおこなわれていないときは、ここがほんとうに海の上なのかと思うほど揺れなくなる。そのため、船体動揺の激しい時化(しけ)のなかではできなかった、高所作業や荷物のつり上げ作業などができるようになる。そんな安定した作業環境を利用して、輸送ヘリコプターCH－101のメインローター取付作業と発着艦訓練がおこなわれる。通常、ヘリコプターのローターはコンパクトに格納できるように設計されているが、CH－101では海氷域に入ってから取付作業をする。しらせは、ほかの洋上艦艇と違い、時化のなかでの発着艦を想定していないことから、護衛艦のようなヘリコプターの着艦拘束装置（RASTやベア・トラップ）が装備されていない。そのため、安定した海氷域でローターの取付と試飛行をおこなうのだ。

ロボット工学者としてはとても勉強になる。

輸送ヘリコプターの組み立て作業中、しらせはその場に停船している。すると、ふだん見かけないものが現れたからか、どこからともなくペンギンの群れがやってくる。その数、１００羽以上。しらせのまわりをぐるりと囲むように、寝そべったりたたずんだりして、いっこうに去っていく気配がない。好奇心が強いのだろうか。そんなかれらを甲板上からぼんやり眺めていると、「92号機、発艦準備！」の艦内放送が流れた。輸送ヘリコプターの試飛行の時間がやってきた。ヘリ甲板では作業があわただしくなる。ペンギンたちはその異変に気づいていない。「キィーン！」というジェットエンジンの点火音がして、ゆっくりとメインローターが回りだす。「シュッ！　シュッ！　シュッ！　シュッ！」とも「バッ！　バッ！　バッ！　バッ！　バッ！」ともつかない風切り音とともにローターの回転数が上がる。見とれて突っ立っていたら、「ここにいると、風で飛ばされるかもしれませんよ」と自衛隊員が注意にきた。安全圏まで下がって、「そういや、ペンギンは？」とかれらのほうを見た。敏感な個体はしらせから離れたようだが、平気な顔をしてまだ寝ている個体もいる。この時期に南極で暮らしているだけあって、なかなかたくましいペンギンたちだ。

ヘリコプターの試飛行も無事に終わると、いよいよしらせは昭和基地に向けて動きだす。彼方にはすでに南極大陸が見えはじめている。「あれがラングホブデで、こっちがシェッゲ」と、隊長がとなりで教えてくれる。南極初心者には同じ形に見える白い大地も、百戦錬磨の隊長には、山の盛りあがりやくぼみひとつひとつがランドマークとして見えているのだろう。正直、カッコいい。自分も帰るころには少しでも見分けがつくようになるんだろうか。

12月19日には、昭和基地近くにある観測用のアンテナ群が確認できる位置まで来た。電子海図上にも昭和基地のあるオングル島が表示されている。いよいよここからが本番。出発日は12月20日と決まった。野外観測に出るチームは、約3週間を同じ船で過ごした仲間とも、ここから観測終了までは、ほとんど顔をあわせることがなくなる。どことなく寂しさと緊張が漂う雰囲気のなか、出発に向けて黙々と準備を進めた。

## 南極の景色は想像とはぜんぜん違った

12月19日の夜遅くになって、ようやく翌日のヘリコプター輸送のフライト・プランが決定した。翌日の天候や物資量、輸送のプライオリティ、輸送経路などを考慮しながら、綿密にフライト・プランが決められる。プランが決定するとホワイトボードに貼りだされ、各自が自分の搭乗便や時間の確認をする。

12月20日、ついにしらせを離れて南極に上陸する日がやってきた。昭和基地に飛ぶヘリの1便には、59次隊の隊長が「初荷」と書かれた箱を持って乗りこむ。越冬している前次隊の人たちが、約10か月ぶりに届く日本からの物資を楽しみに待っているのだ。第1便を見送ると、自分の出発まで待機場所で過ごすのだが、期待と不安からか口数は少ない。第2便からは昭和基地に入る隊員の輸送がはじまる。私の出発は5便目である。当初は午後のフライト予定だったが、朝になって急遽変更があり、9時50分にしらせを発艦することとなった。

大幅な変更ではあるが、南極ではこういった変更が発生するのは日常茶飯事である。とくに、昭和基地から50㎞以上も離れたベースキャンプでは、天候がまったく違うこともある。そのため、しだいに天候が悪くなるような予報の日は、できるだけスケジュールをつめて各フライトの安全性を確保する場合がある。

不慣れなヘリコプター輸送の段どりに右往左往しているうちに、残すはわれわれ野外チームだけとなった。発艦の30分前には準備をすませて、格納庫で荷物や体重の測定をおこなう。自分の搭乗する便には、野外観測に必要な物資なども搭載される。これらの物資は総重量が1トン以上になることから、あらかじめ荷物パレットの上に積載されて、フォークリフトでヘリコプターへと搭載される。しかし、到着地である野外ベースキャンプにはフォークリフトなんてものはない。人がバケツリレー方式で運びだす必要があるが、人員の少ないチームだと、その場でヘリコプターを長時間待機させる必要があり、燃料も時間ももったいない。そこで、現地での物資運搬にも自衛隊員が数名来てくれるという。このように海上自衛隊は、しらせやヘリコプターの運用だけでなく、観測隊の任務を全力でサポートしてくれる。とても心強い。

格納庫から外を見ると、空はどんよりと曇っている。いかにも冬の空という感じで寒そうだが、いまは南極の「夏」であることを思い出して、頭がややこんがらがる。鉛色の空の遠くにヘリコプターがもどってくるのが見えた。ヘリが着艦すると、搭乗員は1列に並んで、ヘリの外側を大きく迂回するようにして機体へアプローチする。まちがえた場所からアプローチすると、高速回転するローターに接触する恐れがあるため、先頭には誘導員がつく。機内に入ると、前方からつめて座るように言われる。

すぐに人と物資の積みこみが終わり、ハッチと扉が閉じられて発艦態勢となる。ローターの回転数が上がるとともにピッチ角が変わって、風を切る音が大きくなる。風切り音が重たくなる瞬間があり、発艦したことがわかる。窓の外を見ると、すでに甲板上の人が小さくなっている。機体はそのまま機首を左へと向けると、しらせの左舷側を抜けるように飛び立った。甲板上のいろんな場所で手を振っている人が見える。じょじょにしらせが小さくなり、あっというまに見えなくなる。

眼下には、これまで見たことのない世界が広がっている。氷で覆われた海に無数の亀裂が入り、ところどころに海面が見えている。その海面に浮かぶ氷は、表面は白いのに側面はコバルトブルーをしている。白い雪氷のなかからぽつんと赤茶けた岩が見え、岩のくぼみに大きな水たまりができている場所もある。南極は一面真っ白な世界だと勝手に想像していたが、まったく違う景色で、「ここはホントに南極?」と不思議な感覚になる。

そんな感覚に追い打ちをかけるかのように、雪がまったくない場所が見えてきた。赤茶けた岩肌がごつごつとしていて、切り立った山肌には植物も見えない。「露岩域」だ。写真では見ていたが、じっさいに目の前で見ると、まるでイメージと違う。崖と崖の谷間を縫うようにへリコプターが飛ぶようすは、スターウォーズさながら。ますます「ホントに南極？」との思いが強くなる。

ヘリコプターが速度をゆるめてホバリング状態に入ると、隊員が側面のドアを開けた。安全ベルトをつけてドアから身を乗りだし、風向き確認用の発煙筒を投下する。ヘリコプターはその場を離れて大きく旋回し、風上に機首を立て、じょじょに高度を下げはじめる。少し開けた場所に小さな小屋が立っているのが見える。近くにはオレンジ色のテントや雪上車がある。さらに近づくと、人がヘリコプターのダウンウォッシュから身を守るように小さくなっているのがわかった。

CH－101で しらせを飛び立ったのが、2017年12月20日の昼前。そこから南下すること約30分。ついに、ベースキャンプのある「きざはし浜」に到着したのだ。

# 2 ようこそ、きざはし浜小屋へ

## いよいよはじまるきざはし浜生活

きざはし浜には、大人が数名入れるていどの小さな小屋、その名もズバリ「きざはし浜小屋」がある。ほかの調査地にあるベースキャンプにくらべれば大きいほうだが、大人が10人も入ると、身動きをとるのが難しいくらいのせまさである。

きざはし浜小屋では、私を南極に導いてくれた58次隊のAさんと59次先遣隊の4名が、すでに2か月近く生活をしていた。越冬期間中、小屋には滞在する人がいないため、先遣隊のメンバーが昭和基地から雪上車でやってきて小屋の「立ち上げ」(発電設備の点検や掃除など)をおこなう。越冬期間中は昭和基地に滞在していたAさんも、先遣隊といっしょに移動してきていた。そこに、しらせ隊の私とオーストラリアの大学院生が合流し、総勢7人となった。

今回のきざはし浜の住人7人は、5人が湖沼生態系のメンバーで、2人が地学系のメンバー。

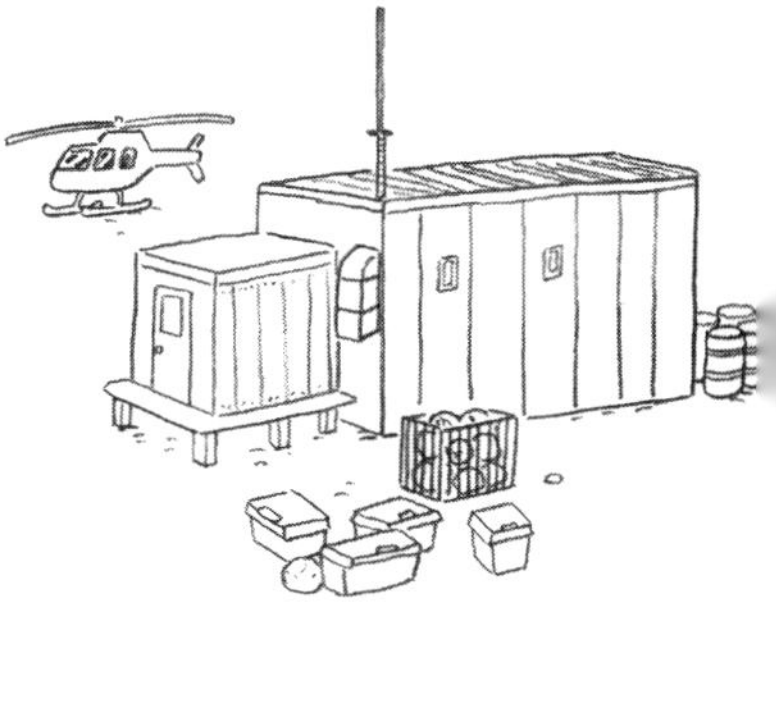

さらに、短期間で見れば、ほかの研究チームやＮＨＫの取材クルーなどの出入りがあり、１月中旬にはアメリカ人の生態系研究者も合流する。そのため、もっとも多いときには10名以上がきざはし浜に滞在していることになる。そうなると、当然、小屋のなかには入りきれない。

床をふくめて小屋に５人、小屋の外にあるカブース（物置）に１人、先遣隊が昭和基地から運転してきた雪上車に１人で、基本の７人は寝床を確保していた。途中で出入りするメンバーは、小屋の外にテントを張って野宿する（白夜の南極は日照時間が長く、テント内は暖かい）。

ヘリコプターがきざはし浜のヘリポートに着陸すると、さきに滞在していたメンバーが出迎えにきてくれた。58次隊とはじつに１年ぶり、先遣隊とも約２か月ぶりの再会だ。２か月ぶりと聞くと、「ひさびさ」というにはちょっと短い気もするが、南極までの道のりやこれまでの訓練や物資輸送の過程を考えると、南極の大地でふたたび会えたことに感無量なのである。

しかし、感動的な再会を楽しんでいる時間はない。分単位でフライト・スケジュールを管理しているヘリコプターが、ローターをばたつかせたまま待機しているのだ。自衛隊員も加わって、しらせから運搬してきた物資を、ヘリポートから少し離れた場所へとバケツリレーで運搬する。ほんの10分ほどで運搬が終わると、ヘリコプターはつぎの荷物をとりにしらせへと帰還する。ローターの回転数が上がり、ピッチが変わって、風を切る音も変化する。同時に、ダウンウォッシュで飛ばされた砂や小石が容赦なく襲ってくる。

防寒着のフードで頭を覆って姿勢を低くして丸くなったり、物資が飛ばされないよう重しがわりに物資の上に乗っかったりして、ヘリコプターが飛び立つのを待つ。バチバチと体に激しく小石が当たる。ときどき大きな石も飛んでくるが、ハードシェルの防寒着を着ているので痛くはない。ただ、街なかでは聞くことのない音なので、なんとなくこわい。しばらくして小石も当たらなくなり、顔を上げると、ヘリコプターはすでに空の彼方で小さくなっていた。

ヘリが飛び立つと、自分たちの声と砂利の上を歩く音以外、ほとんど音のない世界。まだヘリのジェット燃料のニオイが鼻腔に残っているせいか、空気のニオイはあまりよくわからない。つい数十分前までいたしらせとの、あまりにも異世界すぎるギャップに、ここがほんとうに南極なのだという実感がわいてこない。しかし、GPSは確実に南極であることを示している。ついに、念願の南極大陸に到着したのだ！

ひとしきり再会を喜びあったあとは、つぎの物資が来るまで待機となった。きざはし浜小屋には、昭和基地のような風呂やトイレや洗面所はない。寝具は2段ベッドが2台あるだけ。ただ、調理設備は整っていた。排水ができないので流し台は〝飾り〟だが、カセットコンロが2台に電子レンジ、炊飯器、ホットプレートなどの調理機器がある（私の次隊からはティ○アールが導入された！）。つまり、どういうことか。自分たちで調理をするということである。おもに生物観測をおこなうチームが使用するこの小屋で、隊員たちは寝食をともにする。

トイレは、丸い一斗缶のようなバケツ、ペール缶に用を足す。大も小も、老若男女みな同じ。用を足したら、上から菌の増殖を抑えるシートや凝固剤を入れて、またつぎの人がそこに用を足す。いわゆる、ぼっとん方式である。発電機小屋の隅にトイレスペースが区切られていて、そこがみんなのオアシスとなる。

風呂は、ウェットシートで拭けば、いちおうはなんとかなる。とはいえ、先遣隊の人たちやAさんは、しらせが到着するまでの約50日間をここで生活していた。つまり、約50日間、風呂に入っていないのだ……。なので、「小屋のなか、くさいかもしれないよ！」と、あらかじめ注意を受け、恐る恐る入ってみる。が、意外とへんなニオイはしない。生活臭というよりも山小屋のニオイといった感じで、むしろ清潔感のある空間である。それもそのはず。先遣隊のみなさんは、あとから来るわれわれを気づかって、前日に大掃除をしたり、布団を干したり、ウェットシートで体を拭いたり、下着を変えたりと、かなり念入りにニオイ対策をしてくれていたらしい。なんともやさしい世界に泣けてくる。ちなみに、風呂に入るタイミングはまちまちで、年末年始にしらせや昭和基地にもどる場合は、そのタイミングで入る。しかし、年末年始にもどってこないチームもあり、その人たちは観測終了まで風呂なしとなる。

小屋には中央に大きなテーブルがあり、その周囲を囲むように7人が座る。定位置が決まっていて、小屋のなかに入ると、各々が「自然と」そこに座る。新参者の私とオーストラリア人の大学院生も、空いたスペースに腰を下ろした。お昼どきだったので、さっそく昼食の用意がはじまる。新参者なので何かお手伝いをと思ったら、「料理長はAさんだから、ほとんど手伝うことないよ」と言われて席にもどる。Aさんは慣れたようすでパパパっと料理をつくって

きざはし浜小屋の外観。右の小さい小屋は発電機小屋。発電中は温度上昇を防ぐためにドアを開放しておく

きざはし浜小屋の内部

いくが、任せきりというのがなんとも落ち着かない。しかし、帰るころにはこれが「ふつう」の光景になる。

ほどなくして、Aさんお手製の山菜そばができあがった。テーブルの中央に鍋が置かれると、各自、自前の食器セットからお椀や箸を出して、「いただきまーす！」と食事がはじまる。南極大陸最初の食事だ！　たっぷりのねぎと七味をかけて、うん！　おいしい！　そう、Aさんは知る人ぞ知る料理上手。手のこんだ料理もあっというまにつくってしまう。なので、手伝う余地がないのだ。以後、続々と登場する料理長自慢の南極メシに圧倒されることになる。

食事が終わると、おのおの食器を片づけて、しらせで到着した物資の整理をはじめた。汚れた食器はどうするのかと、ようすをうかがっていると、ひとりの隊員がテーブルの上に置かれたトイレットペーパーをおもむろにとって、食器を拭きはじめた。そう、きざはし浜小屋は水の浄化設備がなく排水できないので、食器は洗わないのだ。汚れはあるていど拭きとると、霧吹きで水をかけて、さらに拭きとる。少々ガンコな汚れはアルコールで拭きとる。これで完了。拭いたペーパーは可燃ごみとして昭和基地で焼却する。

「あ〜、なるほど」と納得して、自分も同じように真似をする。はじめて来た場所だが、とくに説明がなくても不思議と気にならない。が、じつは内心不安でいっぱいなのである。「このあと、どうする？」「会議で言われた定時交信って、どうする？」「あれ？　物資まだ外に置きっぱなしだけど？」……と先行するイメージばかりがふくらんで、いろいろ聞いてしまう。聞けば教えてくれるが、だいたいのことは見ていればわかるし、百戦錬磨の先輩隊員がテキパキこなして指示もくれる。まさにＯＪＴを地でいくスタイル。それが「きざはしスタイル」なのだ（いや、違うか……笑）。

## 卵・パン事件、発生

きざはし浜に着いて、最初に感じた気持ちの変化がある。それが「受け入れる」こと。正直、「昭和基地に入らない」「風呂・トイレなし」と聞いたときは、「そんなとこで2か月近くも暮らせるのか?!」と不安だった。しかし、ヘリコプターを降りた瞬間、「あ、ここで暮らすんだ」と、なぜかスッと不安がなくなった。まあ、自分たちより50日近くもまえから暮らしている人たちが楽しそうにしているという事実を、脳ではなくＤＮＡレベルで理解しただけなのかもしれないが、午後には自分もいっしょになって楽しんでいることに気がついた。

きざはし生活のスタートは、日本から運んだ物資の確認と整理作業からはじまった。ヘリコプターで船から運んできた食料や物資を開梱しながら、われわれが到着するまでの約50日間のできごとについて聞いたり、逆にこちらがしらせでの生活について話したりしているうちに、あることに気づいた。

「あれ？　卵とパンが来てない……」

どこかのダンボールにまぎれこんでいるのではと、片っぱしから箱を開ける。すると、ほかのチームの調査物資が出てきた。完全にどこかのタイミングでまちがって搭載されている。運びだす物資の箱には、ひとつひとつにチームの個別番号や物資の内容などを記したシールが貼られているが、同じ絵柄のダンボールで似たような記号が並ぶので、しっかり確認しないと輸送担当者でもまちがうことがある。今回はまさにそのケースだった。おそらく、ヘリコプター搭載前に甲板上に出したさいに混載してしまったのだろう。ほかのチームの物資と引きかえに、われわれの卵とパンはどこか別の地域に行ってしまったようだ。

だが、コトはそうかんたんではない。たかが卵とパンと思うかもしれない。パンがなければお米を食べればいいじゃない、と思うかもしれない。しかし、昨日今日しらせから来たわれわれと違って、約50日間も新鮮な卵やパンのない生活をしていた隊員たちにとっては、楽しみにしていた物資が届かなかったのは、ことばにならないほどショックなのである。「今日、帰ったら食べよ♪」と大切にとっておいたデザートが、帰ったらだれかに食べられていたときのアレの感情を南極のスケールに落としこんだ（意味不明！）くらいのショックらしい。ましてや、生鮮食品がどこに行ったかわからないとなると、南極といえど、腐ってダメになってしまう可能性もある。すぐさま、Ａさんが無線で昭和基地に連絡を入れる。

「しょうわつうしん〜、しょうわつうしん〜、こちら、きざはし浜小屋です。入感ありますでしょうか〜？」

「しょうわつうしん」とは、昭和基地に設置された無線通信局の名称で、無線で昭和基地のだれかを呼びだすさいにはかならずここを経由することになる。「入感」とは無線通信でよくもちいられる専門用語で、ようは電波が届いているということだ。

「はい、こちら昭和通信。きざはし浜小屋、Aさん、どうかされましたか?」

「卵220個くらいと大量のパンが入った箱が来ていなくて、かわりに別チームの機材が来ています」

昭和通信からは最初、「は?」という反応が返ってきた。無理もない。この時点での昭和基地の通信担当はまだ58次隊で、物資を輸送してきた59次隊の状況がわからないからだ。しかし、さすが1年も南極で生活してきた精鋭たち。野外チームの食料不足は「死活問題」であることをよく理解している。すぐに「しらせ通信」に連絡を入れて、59次隊の輸送担当者に状況を伝えてくれた。

「きざはし浜に行くはずの卵とパンが行方不明です。探してください」

連絡を受けた59次隊の輸送担当者が基地内の隊員に声をかけて、隊員総出で「きざはし行き」の卵とパンの捜索がはじまった。じつは、この昭和通信ときざはし浜との無線のやりとりは、基地内を移動するときに携帯するハンディ無線機でも聞くことができるため、「きざはし浜の卵とパンが行方不明らしい」と、基地内ではちょっとした話題となっていたらしい。しかし、このハンディ無線のやっかいなところは、基地内の通信は双方向で聞くことができるが、野外の各観測拠点との通信においては、昭和通信が観測拠点（この場合はきざはし浜）に話しかけている声は聞こえるのに対して、観測拠点（きざはし浜）が昭和通信に話しかけている声は聞こえないことだ。そのため、昭和基地にいる59次隊のあいだでは、「きざはし浜から通信＝卵とパンがない＝食料担当＝私」という、安直といえば安直、あたりまえといえばあたりまえな構図ができあがり、食料担当だった私が「卵とパンがないから探せ！」とゴネていると勘違いされていたのだ。さらにこわいことに、「アイツらぜったい、今日の夜はすき焼きするんだぜ」と、想像力たくましい尾ヒレがついて基地内に拡散していった。これがのちに「卵・パン事件」とよばれ、ネタにされることとなる。

結局、ほどなくして卵とパンが昭和基地内の車両倉庫に置かれているのが発見され、別便できざはし浜へ運んでもらえることとなった。大切な食料が危うくダメになり、卵を産んだ鶏の恨みを買うところだった。

## 恐るべき南極の紫外線

いろいろ小さなトラブルはあったものの、南極生活がスタートした。

一夜明けた12月21日は、朝から物資整理の続きと、翌日からの調査に向けた準備がおこなわれた。

物資は、大井埠頭での積みこみ時点で梱包数100個を超えており、さらにNHKの取材クルーの機材やしらせで配布された野外調査用の食料を入れると、200個近いダンボールやコンテナが小屋の前に置かれた状態だった。そのため、自分の物資を探すのにもひと苦労する。そんな状態では作業効率が悪いので、日本から送った着替えや観測機器などの確認も兼ねて整理を進めた。

食料は、到着した時点であるていどは仕分けをしている。とくに冷凍品は、南極といえども外気温では少々危ない。小屋には採取したサンプルを保管する小さな冷凍庫があるので、肉や魚などの腐りやすいものはそこに入れ、野菜などはクーラーボックスに入れて小屋の陰に置いておく。外気温がつねに冷蔵庫くらいの温度であるため、直射日光を避ければ、屋外でもじゅうぶんに保存ができる。配布された食料には、缶詰やインスタント麺、飲料、非常用のドライフーズなどもある。これらは腐ることがないので、種類ごとに分けて小屋の脇に置いておく。ビールなどの飲料は、冷やさなくてもつねに飲みごろだ。

しかし、直射日光には気をつけなければいけない。南極の上空には、小学校の理科でも習うオゾンホールが存在し、日本にくらべて大量の紫外線が降りそそぐ。そのため、日焼け止めを塗っていないと、南国（南極）バカンスを楽しんだような焼けぐあいになるのだが、度を過ぎると火傷のように皮膚がただれるほどになる。日中でも外気温は冷蔵庫くらいの気温であるが、天気がよく風のない日はあまり寒さを感じないほど暖かい（この感覚に慣れるまで1週間くらいかかった)。風のない日に太陽に背を向けてじっとしていると、遠赤外線の治療を受けているような気分にさえなる。慢性肩こりの私にとっては、持参した低周波治療器よりも効果的だった。

この強烈な南極の太陽は、野外に置いてある食料や物資にも悪影響を与えることがある。野菜などの生鮮食品が腐ってしまうのはもちろんのこと、外装や保存容器も劣化してしまう。日本で物資を準備しているとき、衣装ケースのようなコンテナは南極ではあっというまに劣化して、バリバリに割れてしまうという話は聞いていた。そのため、自分の物資はキャンプなどで使用する屋外用コンテナに入れて持っていっていた。しかし、驚いたのは、ラベルに赤の油性マジックで書いた文字が数日で消えてしまうことだった。

似たようなコンテナと、同じ絵柄のダンボールが200個近くもあると、どこに何が入っているのかわからなくなるため、養生テープなどにマジックで「探査機」「予備パーツ」「私物」などと記載して貼りつける。そのさい、重要なものはひと目で見分けがつくように赤のマジックで書いたのだが、いざ、そのコンテナを使うときになって探したところ、見つからなかった。「おかしいな〜、赤のマジックで書いたのにな〜」と、置いてあった付近のコンテナの上面をひとつひとつ見てまわると、緑の養生テープにうっすらと残っている「消耗品」の文字が目にとまった。そう、紫外線で色あせてしまっていたのだ。まさかと思い、ふたたび赤と黒のマジックで同じように「消耗品」と書いてしばらく放置してみたら、やはり1週間もたたないうちに、赤のマジックで書いたほうは消えかかっていた。それ以外にも、現地で着ていた紺色のフリースの表側が、しらせに帰って見てみると赤紫っぽく変色していた。表と裏で色が違うリバーシブル仕様！　などと喜べない。恐るべき南極の紫外線。

## スカルブスネス探検隊、南極の岩山を歩く

12月22日は朝から晴れていい天気だったが、午後には崩れてくるという予報だった。だれが予報を出してるのかって？　じつは、南極の昭和基地には気象台が設置されていて、毎年、交代で気象庁の職員がやってくる。気象予報は毎日、夜8時の定時交信のさいに各野外観測チームに伝えられ、それをもとに翌日の行動予定を立てる。

天気はいちど崩れると回復するまでに何日もかかることがあり、調査はもちろん、ヘリコプターの支援もストップする。そうなると、ベースキャンプを離れて調査に出るチームは何日間も調査地でビバークを余儀なくされるため、調査日数分にプラスした食料や物資を持っていかなければならない。つまり、昭和基地で活動する人だけでなく、基地から遠く離れた野外観測チームにとっても、気象予報はもっとも重要で、かつ、毎日気になる情報である。

この時期の南極は白夜。時間を気にせず仕事や調査ができるのはありがたいが、天気の変化にはあらがえない。この日は体を南極に慣らす意味もこめて、きざはし浜小屋の周辺の位置関係を頭にたたきこむエクスカーション（巡検）に出かけることとなった。南極に着いて2日。

小屋の半径500mくらいを行ったり来たりしていただけなので、周囲がどのようになっているのかを知っておく必要がある。前日の夜にあらかじめ行程を決めて、今回の南極調査でいちばんのターゲットである湖、長池を下見しつつ、ほかの池や地形も見ながらぐるっと周回する約11㎞のコースとなった。11㎞くらいたいしたことないじゃないかと思うかもしれない。私もそう思ったが、大甘だった。なんせ、アップダウンが連続するガレ場・ザレ場だったのだ……。

朝10時、小屋の前で軽く足腰を伸ばしてウォーミングアップをすませて、出発。土地勘のあるAさんを先頭に7名の一行が、ハンディGPSを見ながらぞろぞろと列をなして歩く。10分ほど歩くと、山と山の谷間が現れた。ゴロゴロとした岩のあいだを縫って、川のように水が流れている。水源はこれから向かう長池のようだが、右を見ても左を見ても、山の岩肌の至るところから水が染みだしている。どうやら、雪解け水やほかの湖沼からの水が、地下の水脈を通ってここに集まってきているらしい。そんな不思議な光景に目を奪われながら歩いていると、やがて目の前が開けて、大きな湖が現れた。今回の研究の最大のターゲット、長池に到着したのだ。

赤茶けた大地のなかに突如として出現した長池は、大きな白い氷で覆われ、岸部の氷がとけた水面は空の青を映し、色のコントラストがとてもおもしろい。見たことのない景色に息をのむ。このときのためと言わんばかりに新調した一眼レフをとりだしてシャッターを切るが、うまく色を再現することができず、設定を変えて何枚も撮りなおす。やっと近い色が出たと思ったが、やはり肉眼で見る色とはぜんぜん違う。2014年にマリアナ海溝に潜ったときに、肉眼で見る色と写真で再現する色の違いを経験していたこともあり、今回はダイナミックレンジが広い機種を選んだが、やはり肉眼で見る「輝き」ともいうべき光のぐあいを写しとるのは難しい。また、そうした色の違いをうまくことばで表現できない自分の語彙力のなさも、あらためて痛感した。

長池の湖岸を迂回するように内陸側へと進むと、それまではゴツゴツとしていた足元が、こんどは砂浜のようになった。小石が川を転がって砂になるという、小学校で習う常識はなんだったのか、と思うほど不思議な地形である。南極は過去に隆起をくり返しているから、ここも昔は海の底だったのかとも思ったが、目の前の長池は完全なる淡水。隆起して窪地に水がたまった「塩湖」とはまったく異なる。

さらに周辺を歩くと、砂の上に鮮やかな緑色をした小さな地衣類がポツポツと落ちている。これはどこから来たのだろうか。風に飛ばされてきたのかもしれない。このとき、南極の極限環境でも植物が成長するということをはじめて実感した。そして、目の前の長池の湖底にも、あの「コケボウズ」が一面に広がっているのかと思うと、早くROV（アールオーブイ）を潜らせたくてしかたがなかった。

長池をあとにして、一行は標高150mほどの小高い山の頂上で昼食をとることにした。

地下水脈を通って集まった水が、
山と山の谷間を川のように流れる

砂の上に落ちている地衣類→

12月下旬の長池はまだ湖面を氷が覆っている

この日の昼食は長期保存が可能な低糖質の調理パンで、通称「オタル」。小樽にある企業がつくっていることから、この呼び名がついた。オタルにはいろいろなレパートリーがあり、この日はハムたまごサンドと豚カツサンドにした。おのおの見晴らしのいい場所に座って「いただきまーす」。うん、ほどよく冷たい。

食後は、運動を兼ねてエクスカーションを再開した。風は冷たいが、日差しが強いので暖かく感じる。今回のチームには地学の専門家もいっしょだったため、南極の大地の成り立ちや石の組成などをくわしく教えてもらいながら歩く。「なぜ、こうなった?」と疑問をもつ地形が多いので、とても勉強になる。たとえば、岩の上に異なる性質の石が帯状に走っている地形。けっこうな頻度で出現するうえ、岩肌から飛びだしていたりするため、ときどき「よっこいしょ」と越えなければならない。これは、岩盤の割れ目に流れこんだ溶岩が固まってできた地形だそうで、帯の幅を見れば、溶岩が流れこんできた方向がわかるという。岩の上を走る帯には太い部分と細い部分があり、溶岩は太いほうから流れこんできているのだ。

こうして現地で専門家から話を聞くと、まったく違う分野でも勉強になって楽しい。南極の大地を縦横無尽に走りまわ

岩盤の上を、異なる性質の岩が帯状に走る

るようなロボットをつくるときには、こうした「現地に行って、見てみないとわからないこと」が役に立つのはまちがいない。これでもし、私に南極露岩域の自走ロボット開発の話が来ても、スカルブスネス周辺はこわいものなしだろう（笑）。

エクスカーションも後半になり、それまで晴れていた空が一面の灰色になってきた。日差しが遮られて風も強くなり、寒さを感じるようになる。午後から崩れるという南極気象台の予報が的中した。一行は、標高258mの「すりばち山」を迂回して「きざはし浜小屋」へともどることにした。迂回といっても、尾根は標高100mくらいのアップダウンが続くうえ、風と寒さが体力を奪う。小屋が見える場所にたどり着くころには足どりが重くなっていた。

そのとき、前を歩く極地研の学生さんが、止まって地面を指さした。「なに？　なに？」と駆けよってみると、Wow！　アザラシのミイラ！　表皮も体毛も残っていて、骨も白くキレイな状態だが、おそらく数千年はたっているらしい。外気温が低く、冬は雪に覆われることから、腐らずに残ったのだろう。

きざはし浜小屋の近くにあるアザラシのミイラ

そんなこんなで1日かけてきざはし浜の周辺を1周して、ベースキャンプの小屋にもどったのは夕方16時。GPSで歩いたルートを見てみると、うん、やっぱり11㎞。歩きなれない地形というだけでなく、見るものすべてがめずらしい光景なので、ふつうに歩くより疲れた。だれだ、11㎞なんて余裕で歩けると言ったのは？　あ、自分か……。怠けた体には少々キツかったが、幸い筋肉痛にはならなかった。一説に「痛くなるほどの筋肉がないんでしょ」という話もあって、強く否定することができない……。

## わいわいドタバタのクリスマス・イブ

23日は朝6時に起床して、スカルブスネス周辺の気象情報を昭和基地に連絡。ほかの野外観測チームがヘリコプターを飛ばすさいの参考にするらしい。持ちつ持たれつ、それが南極観測。早く起きたのでゆっくりと朝食を食べていると、ふたたび昭和基地から無線で呼びだしがあった。前日の定時交信時、天候とヘリコプターの都合がつかず断念せざるをえないとされていた「西ハムナ池」への調査ができるかもしれない、という連絡だった。ただ、小型の観測ヘリコプターでの移動となるため、現地に行けるのは3名とのこと。そこで、地学チーム2名と湖沼チーム1名の計3名が行くことになり、残りの4名はきざはし浜小屋に残って、25日からはじまる「スカーレン大池」への遠征に向けた準備をすることとなった。

スカーレンはスカルブスネスから約20㎞ほど南にある露岩域で、ここにも無数の湖がある。

しかし、ここの湖にはコケボウズは確認されておらず、今回は湖底の地質調査がメインであった。そのため、ROV屋には大きな仕事はないのだが、せっかくなので、突貫工事でつくって南極に持ってきていたROV2号機をスカーレン大池に運び、バランス調整なども兼ねて潜らせてみることにした。

スカーレンでの滞在は3日間の予定。食料とキャンプ用品、地質調査の道具など、かなりの物資量になる。それでも、天候の悪化による長期ビバークの可能性を考えると、食料は多めに持っていかなければならない。また、スカーレンのベースキャンプには、きざはし浜のような立派な小屋があるわけではなく、「カブース」とよばれる小さな物置があるのみで、調理設備や冷凍庫がないため、食事は基本的には即席麵やレトルト食品が中心となる。この日はおもに食料の準備をして1日が終わった。

24日は朝から小雨がパラつくなかでの準備作業となった。雪ではなく雨なのが新鮮だった。この日は調査機器やテントなどの装備品の準備が中心で、きざはし浜の生活者7人総出で小屋の外で作業をしていると、昭和基地の通信担当から連絡が入った。なんでも、しらせが接岸した昭和基地周辺の海氷が薄く、物資の氷上輸送ができない状態らしい。これはかなりの一大事。しらせの物資の多くは、日本から搭載してきたコンテナのまま雪上車につながれたソリに載せ、基地まで海氷上を走って運搬する。そのため、海氷が薄いと割れてしまう危険性があり、通常は太陽の影響が少なく氷が引きしまる夜間に輸送をおこなうのだが、それでも今年は氷が薄くて危険だということだった。そこで、しらせをいったん現在の位置から離岸して、海氷の分厚い場所に再接岸する必要があり、しらせの移動中はヘリコプターを飛ばすことができないため、翌日のフライトはキャンセルになる可能性が大きいとのことだった。

幸いにして、すでに大半の準備を終えていたことから、小屋にもどって冷えた体を温めつつ、続報を待つこととした。しかし、待つといっても、テレビもなければネットもない世界。おのおのパソコンに向かって仕事をしたり、これまでのサンプルを処理したりして過ごす。

やがて夜になり（外は明るいが）、夕食の準備をはじめる。今日はクリスマス・イブということもあり、少し豪華な夕ごはんとお酒、デザートのケーキでかんたんなパーティとなった。そうしてひとしきり盛りあがっていると、「スカルブスネスきざはし浜小屋。こちらは昭和基地です」と、夜8時の定時交信がはじまった。翌日の行動が決まる大事な通信だけに、それまでの盛りあがりが嘘のように静まりかえって、一同が無線機の声に耳を傾ける。

「きざはし浜小屋は、明日、1便でスカルブスネスからスカーレンに移動……」

無線が言いおわるよりまえに小屋のなかが騒然となる。そりゃ、そうだ。これから残りの準備をしなくてはならないのだから。パーティ気分から、瞬時に即応体制に移行する一同。私物や着替えを自分のバッグにつめこみ、歯を磨いて、おやすみなさい……なんせ、翌朝は5時半起きなので……。

# 3　嵐のなかの南極生活

## 氷床と岩が混在するスカーレン

12月25日は明け方から強風。小石が小屋に当たる音で、朝4時に目が覚めた。昨日準備した物資が強風で飛ばされていないか気になってふたたび眠りにつくことができず、トイレで外に出るついでに確認してみることにした。

「ま、まぶしい……」

風は強いが、天気はいい。朝5時前なのに、サングラスをせずに外に出たことを後悔するくらいの日差しである。おかげで、小屋にもどっても目が覚めきってしまって二度寝には至らず、ほかの人を起こさないように息を殺して過ごす。ほどなくして起床時間の5時半となり、みんなが起きて、せっせと身支度を整える。しばらくはこの小屋にもどってこられないので、忘れものがないか、入念にチェックする。今日から昭和基地周辺の天気が崩れるらしいので、延泊

も覚悟しなければならないが、南極に来たばかりの私にとっては、スカーレンがどのような場所かもわからないので、しらせから持ってきた装備品をそのままカバンにつめなおして、いざ出陣となった。

きざはし浜からスカーレンまでは、ヘリコプターで約20分の距離だ。しかし、両者の景色は圧倒的に異なる。ヘリコプターから降りると、目の前には巨大な氷床の壁がそびえている。だが、周囲には巨大な岩がゴロゴロと転がっている、不思議な場所だった。ヘリコプターが去って、音がしなくなった。きざはし浜と同様にシンとしているように思ったが、耳が慣れてくると、チョロチョロと何かが流れる音がする。ひとまず、ベースキャンプの立ち上げのためにカブースのほうへ行ってみると、雪解けの水が川のようになって流れていた。それも、けっこうな量だ。

カブースのなかはとてもせまく、薄暗く、そして独特のニオイがする。生活臭とか体臭とかではなく、古い機械の油のニオイというのがいちばんしっくりくる表現かもしれない。ひとまず、通信用の無線機を立ち上げるためにアンテナを設置した。ほどなくして昭和基地への通信網が確立し、一行が無事にスカーレンに到着したことを報告すると、すでにお昼になっていた。カップ麺でかんたんに昼食をすませる。

午後からは、2チームに分かれての調査に出ることになった。まず1チームは、明日からのスカーレン大池の調査に向けた予備調査。もう1チームはスカーレン大池周辺の地形調査。私

スカーレンのカブースとテント村

カブースの内部。床下を開けると、何次隊のかわからない缶詰がゴロゴロ……

は後者のチームに同行することになった。

## 恐れていたことが現実に

地形調査に出発するころには周辺が雲に覆われ、風も強くなりはじめていた。急激に天候が崩れる予報ではなかったが、安全を考慮して2〜3時間でもどろうということになった。メンバーは、地学チームと湖沼チーム、それぞれの学生2名と私で3名。ようやく南極での生活にも慣れて、楽しくなりはじめていた。

われわれは意気揚々とスカーレンの探索に出かけた。ゴロゴロとした岩場が広がるスカルブスネスと違い、スカーレンはなだらかな斜面が続くため、歩きやすい。足元の岩石は斑点模様かと思えばマーブル模様になったり、赤茶けた岩になったりと、さまざまな表情を見せてくれる。ベースキャンプを出発して30分ほどで、スカーレンを見渡せる山の頂上に到着した。ここは国土地理院により三角点に設定されており、目印となる金属板が埋めこまれている。国土地理院は、正確な地図をつくるために必要なデータを収集すべく、1万4000㎞も離れた南極でも活動しているのだ。いまこうして観測ができているのも、そんな人たちのおかげであり、この基準点を設置した人も同じ景色を見たのだと思うと、感無量だった。

しかし、このとき、明らかに天気が崩れてきていた。風が強くなり、気温も下がっている。

残りの数時間で周囲の湖沼や地形のようすを確認しなくてはならないため、先を急ぐ。……が、私はある体の異変に気づいていた。それは、ずっと懸念事項だった片頭痛である。自分の片頭痛の原因が寒さと肩こりであることは自覚していたので、万全の態勢で南極に来たのだが、このころから前兆が出はじめていたのだ。そのため、バファリンを服用して、探索を続けることにした。しばらくすると頭の痛みも落ち着いてきたが、南極の天気は変わりやすく、さらに風が強くなり、寒さが増してきた。水分補給と暖をとる目的で、ベースキャンプで保温水筒に入れてきたアツアツのお茶を飲もうとするが、すっかりぬるくなっていた。空を覆う雲も厚くなり、周囲も薄暗くなってきたため、スカーレン大池の北側の湖沼の湖面状況だけ確認して、ベースキャンプへもどることにした。

ベースキャンプが見える位置までもどってきたのは夕方4時ごろだった。スカーレン大池で調査の準備をしていた別のメンバーはすでに撤収していて、カブース周辺でテントの設営準備をしていた。とにかく寒さに弱いことで有名な私は、テントではなくカブースの寝床を割り当ててもらっていたので、ベースキャンプに着くなりカブースに入って、倒れこんだ。

寒くて、寒くて、とにかく寒くてしかたがなかった。夏隊員にも、万が一のときを考慮して中綿入りの防寒着が貸与されていたので、それを引っぱりだして羽織ったが、まだ寒気がおさまらない。これまた寒さに弱いことで有名な私のために、先遣隊として航空機で南極入りした隊員が、厳寒期用のシュラフを貸してくれていたので、そこに潜りこもうかと思うも、履いていた登山靴のひもが雪に濡れて硬くなっていて、脱ぐことができない。体の3分の1がカブースから出た状態で力つきた。「あ、寝たらヤバイのかな……?」と、遠のく意識のなかで思ったが、じょじょに防寒着のなかが暖かくなりだし、おやすみなさい……。冬訓練では寒いところで意識が遠のいても、寒さで死にゆく状態なのか睡魔なのかがわからない恐怖で、なかなか寝られなかった。しかし、このときばかりは何も考えず意識が落ちた。

しばらくすると、カブースに入ってきただれかの「うおっ!?」とびっくりする声が聞こえて、目が覚めた。どうやら夕食の準備にきたようだ。その声を聞いて、ほかのメンバーもやってきて、つぎからつぎへと、ありったけの防寒着をかぶせてくれた。なんてやさしい世界……。おかげで一命をとりとめることができた。

## この過酷な場所で年越しを?

翌朝、すっかり体調はよくなっていた。いよいよ、予備のROVの稼働試験である。

このROV2号機は、昨年開発した虎の子の1機に万一のことがあった場合に備えて、ほぼ自腹で急造した、ROVとよぶには質素な探査機だ。ROVを使った本格的な湖沼調査は年明けからスタートする予定だが、それまでにいろいろと最後の仕上げをしなくてはならない。

とくにやっかいなのが浮力調整である。ROVが水中で安定して航行するには、浮きもせず沈みもしない「中性浮力」に機体の重さを調整する必要がある。あるていどは出発前に調整してきたが、水温が変わると機体に作用する水の密度が変わるため、現地での微調整が必要になる。さらに、このROV2号機は、しらせへの積みこみにまにあわせるために突貫で仕上げていたので、いくつか心配な部分があった。これらを整備・調整すべく、ベースキャンプからほど近い小さな水たまりの脇で作業することにした。

いざ調整をはじめると、気になる部分がどんどん出てくる。通信や映像伝送、操縦系は問題ないのだが、強い太陽の光で肝心の操縦画面が見えなかったり、低温でグリスがスラスタ（推進器）のシャフトに固着したりと、想像以上に環境の影響を受けることが多かった。それでも、約1日を費やして正常に動作するように仕上げて、翌日には湖で試験航行することとなった。

その日の夜の定時交信で、衝撃的なひと言が告げられた――。

スカーレンでの調査日程は28日までの予定だった。ところが、天気予報ではピックアップ予定日の昭和基地周辺の天候が悪いらしく、ひょっとすると迎えにいけないかもしれないということだった。じつは予定としては、スカーレンから、いちど、きざはし浜にもどり、年末年始

急造の南極用ROV2号機

はしらせか昭和基地で過ごすことになっていた。このまま天候が回復しなければ、しらせで過ごすことができないばかりか、ここスカーレンで年を越すことになる。私としては、初日から〝お見舞い〟されたスカーレンでの年越しは勘弁してほしい。それに、船に置いてきた頭痛薬の補充もしたいところだ。

われわれ59次隊のメンバーにとっては、乗ってきたしらせが、いわば「ホーム」である。そのため、越冬交代がおこなわれる2月1日までは、昭和基地は前次隊（このときは58次隊）の管理下にあり、新しく南極に来た隊は間借りをしている状態だ。よくテレビなどで見る昭和基地の内部は、「管理棟」とよばれる中枢部で、無線室や診察室、発電施設、風呂、トイレはもちろんのこと、隊長室、南極料理人が腕を振るう厨房や食堂、お酒の飲めるバーもあるが、そんなに広くはないしベッドの数も多くないので、基本的には前次隊の人がメインで使用する。

新しい隊の人たちは、越冬交代前の夏期間、第1夏宿と第2夏宿という宿舎で寝泊まりし、そこを拠点に昭和基地内での観測や作業に当たる。第1夏宿には風呂、トイレ（水洗）、食堂などのインフラが整っているが、入れる人数に限りがあり、おもに設営系の隊員が使用する。一方、野外などに出入りが多い観測系の隊員は、第2夏宿で寝泊まりする。こちらは風呂もトイレも食堂もなく、そのつど、第1夏宿まで歩いて行かなければならない。しかも、ブリザードが来ると外出禁止令が発令されるので、へたをすると食事にありつけなくなる（非常用の缶詰やカップ麺はある……）。

年末年始については、前次隊は昭和基地、新しい隊はしらせで過ごす。しかし新しい隊であっても、オペレーションの都合上、昭和基地や野外拠点に残って観測を続けるチームもあるため、かならず全員がしらせにもどってくるとはかぎらない。また、復路のしらせでは、今次隊の越冬隊員と入れかわりで前次隊の越冬隊員が乗艦してくるため、おたがいに（しらせと昭和基地の）部屋を明け渡す。越冬交代式を境に入れかわるので、それまでは各々の部屋を根城に活動することになる。さらに、昭和基地にも野外観測にも出ずに、ずっとしらせで過ごすチームもある。ただ、しらせがほかのオペレーションについているあいだは観測ができないので、そういう場合は昭和基地の宿舎に入って、ほかの作業の手伝いをしたりする。

ピックアップ予定の28日。朝7時の昭和基地との交信で、昼12時までフライトの最終判断を延期するとの情報が入った。その後、30分おきにフライトの状況を知らせてくれるが、10時発のフライトが待機（ホールド）となった旨の情報が入る。今日は10時30分のフライトで、われわれのチームと入れかわりで宙空チーム（オーロラなどの調査をおこなう）がスカーレンに入る予定だったが、案の定、それもキャンセルとなった。11時、ホールド。11時30分、ホールド……。カブースのなかで、みなが無線に耳を傾ける。裁きを待つかのような光景である。それもそのはず、途中からチームに合流した私ともう1名をのぞいては、みんな、かれこれ50日くらいお風呂に入っていない。年末年始にしらせにもどって風呂に入ることを、とても楽しみにしているのだ。

そして12時。ついに判決を知らせる無線が入る。

「本日、スカーレン行き、欠航」

スカーレン延泊決定!!

カブース内に、いっきに落胆のムードが広がる。が、そう落胆してもいられない。昼ごはんの準備もしなくてはならないし、ピックアップに向けて片づけた物資をふたたび出さなければならない。カブースの外に出ると、たしかに天気が悪くなってきている。遠くの海氷は空の色にのまれて、境目がわかりにくくなっている。まだ昼過ぎだというのに風も強く冷たい。こんな日は調査に出ることもできないので、各自テントにこもってパソコンでデスクワークとなる（デスクなんてないが）。

## しらせへの一時退避

翌日は朝から晴れわたり、風も穏やかで太陽は暖かく、気持ちいい。今朝の交信で、われわれのチームは今日の第3便のフライトでもどることが決まった。ここまで行動をともにしてきた地学チームの2名は、翌日には別の調査地点に出る予定であったため、きざはし浜立ち寄り組の湖沼調査チームとは別れて、しらせへ直行することとなった。湖沼調査チームの一員である私も、ほんらいはきざはし浜立ち寄り組なのだが、先遣隊で南極入りした地学チームの食料や物資の多くがしらせに残されており、これらを南極到着前に仕分けしたのが私だったため、その引き渡しをしなければならない。そのため、きざはし浜で湖沼調査チームの4名と別れて、ひと足先にしらせへと帰艦することとなった。立ち寄り組の4名は、天候が崩れなければ翌日の便でもどる予定だ。

このとき、しらせは昭和基地沖に接岸し、氷上輸送中だった。大型のコンテナや燃料などを基地へと運びこむ重要なミッションである。接岸といっても港があるわけではなく、しらせは肉眼でも昭和基地の管理棟が見える場所に停泊している。物資は雪上車を使って、海氷上をピストン輸送する。前述したように、日中は太陽の熱で海氷がゆるんで危険なため、気温が低下して氷が引きしまる夜間に夜を徹しておこなわれる。

氷上輸送中のようす

しらせに着いて最初に言われたのが、「風呂に入って」だった。けっして邪険にされているわけではなく、「長い野外調査で体も冷えているだろうから、風呂にでも入ってゆっくり温まって」という意味なのだが、「スメハラ（スメル・ハラスメント）」ということばが生みだされてしまう現代に生きる者としては、どうしても「くさいのかな？」と気になる。私はせいぜい1週間ちょっとだが、先遣隊は50日近く風呂に入っていない。もちろん、そのあいだ、体拭きシートなどで清潔に保っているし、汗をかかないのでくさくなることはほとんどないが、こちらとしても、そのまま布団や食堂に入るのは気が引けるので、まずは風呂へと直行する。

とくに先遣隊である地学チームの2名は、翌日にはふたたび野外調査へ出かけるため、インフラの整ったしらせでの時間は1分でも無駄にできない。風呂に入るまえには、たまりにたまった洗濯物を5台の洗濯機で洗う（しらせにもどることがわかっていたので、洗濯物も持ってスカーレンに移動していた）。そのあいだに風呂に入り、50日分の汚れを落とす。私も9日ぶりに風呂に入ったが、シャンプーは1回ではあまり泡立たない。まずは髪にこびりついた汚れを洗いながす、いわゆる「捨てシャン」が必要だ。

風呂が終わると、昼ごはんの時間だった。今日は金曜日なので「カレー」である。おまけに29日なので夜は「肉」の日である。なんとなくご褒美のようで、うれしい。

食事が終わると、船尾の第二観測室にある冷凍庫へ行って食料の確認。野菜・肉・魚など、地学チーム用に分類しておいた段ボールを引っぱりだして、中身の説明と再チェックをおこなう。とくに腐りやすいものは、何回かに分けて野外に運びだすように仕分ける必要がある。チームによっては調査で採取したサンプルをいったんしらせの冷凍庫などに運びこむことがあり、そのさい、事前に仕分けておいた食料を持ちだす計画を立てる場合もあるが、天候などによってはふたたび観測地点にもどれなくなる可能性もある。そこで、湖沼調査チームと地学チームは出国前の打ち合わせで、観測の途中でしらせへはもどらず、観測地点の近くを通るフライトがある場合に、物資だけを届けてもらう計画を立てていた。

しかし、これがけっこう難しく、前述のとおりフライトがキャンセルになることもある。そのため、万が一、しばらくフライトがなくても飢え死にしないよう、最初に持ちだす物資の量や種類、途中で補給してもらうフライトがキャ

接岸中のしらせから眺める昭和基地（本部管理棟）

ンセルになった場合のつぎのフライト計画など、さまざまなファクターを考慮して仕分ける必要がある。南極に慣れていない者からしたら、何をどう考えて決めればいいのか、判断に悩む作業だが、地学チームの学生さんはテキパキと仕分けを進めていく。

食料の確認が終わると、つぎは船倉に移動して観測機器などの確認をする。船に積みこむさいに、チームごとにわかりやすく搭載できればいいのだが、せまい船倉のなかではそうもいかず、搭載された物資から順に積みあげていく。そのため、どのチームの物資がどこにあるかは、手前から引っぱりだしていかないとわからないのである。ただ、幸いにも各チームが物資を運びだしたあとだったので、こちらの作業は1時間もかからず終わった。

そんなこんなで、あっというまに夜である。艦内は、20時以降は赤い照明に切りかえられるので、「夜」を感じることができるが、一歩甲板に出れば、まわりは明るい。そして、すぐ目の前には昭和基地が見える。小学生のころから行きたいと思いつづけた昭和基地だが、今回の調査では立ち寄る計画がないため、いまはここから眺めることしかできない。

## これぞ南極、ブリザード襲来

南極で迎えた2018年の正月、1月2日。ひととおりの正月行事も終わり、船内の自室でのんびり過ごしていた。11時、地学チームのSさんが駆けこんできた（予定していた調査が天候不良でキャンセルになったため、地学チームも艦内に残っていた）。

「ヒトフタマルマル（12時00分）、発艦！」

あまりの急展開に目が覚める。12時のフライトということは、当然、しらせの昼ごはんは食べられない。いや、それどころか、あと数十分でフライトということから、年末からやりとりしていた仕事関係者や家族との連絡も、このではメールが使えることから、このさき1か月以上できなくなるので、その旨の1文をつけて送信する。この数日で散らかってしまった部屋を片づけて、荷物をリュックにつめこんだら、防寒着を着てブリッジへ上がり、当直士官に名札を手渡す。この名札がブリッジにあるうちは、船外に出ている人員ということになる。船内を抜けていくと時間がかかるので、ブリッジ後方の扉から出て、外階段を駆けおりてヘリ格納庫へ行くと、すでに搭乗準備がはじまっていた。

ヘリの搭載容量を超えないよう、ひとりひとり荷物を持ったまま体重計に乗って重量を計測・記録すると、順次、ヘリへの搭乗を開始する。ヘリの窓から甲板を見ると、船に残るほかのチームの人たちが見送りにでてきていた。そして定刻12時に昭和基地沖に停泊するしらせを発艦し、一路、スカルブスネスにあるきざはし浜小屋へと向かった。

ヘリの窓から見える南極大陸はどんよりと曇っていて、雪に覆われた地平線が空との境をわからなくしていた。昭和基地から約60㎞離れているきざはし浜小屋へは、約30分で到着する。荷物を下ろしてヘリが飛び立つのを見送ると、さっきまでのにぎやかなしらせとは打って変わって、自分たちの歩く音以外は聞こえない静かな世界となった。昨年の12月25日にスカーレンに移動してから約1週間ぶりにもどったきざはし浜小屋。なんとなく「わが家」に帰ってきたような懐かしさを感じる。

そもそもなぜ、急にきざはし浜小屋にもどったかというと、昭和基地ときざはし浜小屋のある宗谷海岸周辺では、今夜からしばらくブリザードが続くことが予想されており、今日のタイミングを逃すと、つぎのフライトがいつになるかわからなかったからだ。すでに外は強風が吹き荒れており、明日も外には出られそうにない。明後日以降の天候回復に望みをかけて、調査日程を組みなおす。

夕方になると、さらに風が強くなり、巻きあげられた小石が小屋に当たって、カンカンバチバチという音を立てる。雪も混じりだし、いよいよ過酷な南極といった雰囲気になってきた。万が一に備えて、母屋と発電機小屋（兼トイレ）の周囲にライフロープを張りめぐらす。ふつうなら目を閉じていてもたどり着けそうな距離だが、ブリザードのなかでは方向感覚を失い、ごく近い距離でも遭難することがある。どんな小さなことにも万全を期すのが南極の鉄則である。

夜、風はさらに強さを増して、換気扇が逆流するほどになった。起きていると、水分をよけいにとってトイレに行きたくなるので、この日は早めに就寝することになった。しかし、風と小石の当たる音でなかなか寝つけない。少し風が弱くなったかなと思ったら、突然ドーンと、風の塊が小屋に当たる。そんな状況のなか、音楽を聴きながらようやくウトウトしかけていると、いままでにない強風が小屋を揺らし、一瞬、小屋全体が浮いたような感覚が全身を襲った。おそらく数トンはある小屋をワイヤーロープでガッチリと地面に固定しているが、明らかに浮いた。ここに来てはじめて、南極の厳しい洗礼を受けた気がした。

緊張状態が続くなかで、眠りに落ちては、小屋が浮く感覚に目が覚めるのをくり返しながら、朝を迎えた。まだ風は強いが、昨夜ほどではない。「昨日、浮いたよね〜」なんて話していると、雪上車を寝床にしていたＫ隊員が駆けこんできた。

「ヤバい、ラボテントが倒壊してる！」

全員が窓から外を見る。すると、目の前に建っていたはずの大型のラボ用テントがなくなり、見晴らしがよくなっている。外に出てみると、折れたポールが散乱し、テントの生地がバタバタと強風にたなびいている。軽自動車が買えるほどの高価なテントが無残な姿になっていた。南極の強風の前では人間は非力であると痛感した。

強風で倒壊したラボ用テント

# 3章 深海ロボット、南極で潜る

いよいよ初潜航！
……と、
あなたはだーれ!?

# 1 南極調査用ROV、ロールアウト！

## 自作ROV、南極・長池に初潜入

2018年1月3日。前日からの強風は朝になってもおさまらず、きざはし浜小屋での待機が続いたが、お昼を過ぎるとピタッと風がやみ、晴れ間も出てきた。南極の天気は変わりやすい。午後からは、倒壊したラボ用テントの片づけと予備テントの再建、研究備品のサルベージ（掘り出し）などに追われた。

私は本格的に、ROV（アールオーブイ）調査に向けた準備をはじめることにした。このとき、昨年の調査でROVを使用したAさんから、浮力の調整がうまくできないとの話があった。たしかに、水中探査機の浮力調整は意外と時間がかかり、どんなに日本の環境でセッティングをしていても、現地の水温と密度、ときには塩分濃度の関係で、機体のバランスが崩れることがある。そのため、日本でしらせに搭載するまえに、現地の環境にあわせた水温などで中性浮力となるように

設定しておいたのだが、じっさいに広い湖で動かしてみると、思いどおりに進まなかったらしい。数日後に予定している長池での調査は、現地での滞在時間が限られているので、いまのうちに考えうる加工を施しておくことにした。

そして、待ちに待った長池での観測日を迎えた。長池はきざはし浜小屋から徒歩で25分くらいの場所にあるため、ROVやゴムボートなどの観測機器を分担して背負子(しょいこ)に載せて運ぶことになった。ROVは、本体、ケーブル、操縦装置と3つのパートに分けることができるが、ほかの観測機材や、昼ごはんに水筒、ビバーク用の物資なども入れると、ひとり当たりだいたい20~30kgを背負うことになる。チームのみなさんの協力が身に染みる。

岩場や沼地に足をとられながら、長池に着いた。さっそくゴムボートを組み立てて、湖の等深線の計測にとりかかる。しかし、湖面にはまだとけきれていない大きな氷が浮いており、悪いことに風で流されて動いている。これでは湖全体の等深線を計ることができない。今回のROV調査の目的であるハビタットマッピングは、等深線図に湖底の連続画像を重畳させる手法のため、等深線図の作成は必須である。結局、この氷の塊はきざはし浜撤収の数日前まで残ることになるのだが、このときは「数日たったらとけるだろう」と考えていた。

ひとまず、等深線図の作成は氷を避けながらおこなうことにして、ROVの潜航ルートを決めるため、湖岸を歩いてまわる。これまでの調査では、長池の西岸から湖心にかけてコケボウズが群集していることがわかっていた。長池は周囲を急な斜面に囲まれた谷状の場所にあり、湖の南側半分は、足を滑らせればそのままドボーンと落ちてしまうような状況だ。ROVや操縦装置が展開できる広めの場所が理想だが、潜航ポイントを変えれば、ほしいデータがとれない可能性もある。いい場所ないかな~と探していると、畳4畳分くらいの舞台のようになった場所があった。しかも、そのまま長靴で入っていける深さで、ROVを着水させるにはちょうどいい。長池でのROV基地はここに決まった。

本体やケーブル、操縦装置を展開して、ROVの動作確認をおこなう。「ピッ」という音とともに電源が入り、操縦ソフトを立ち上げると、操縦用のPCにROVのカメラの映像が映しだされた。スラスタ（推進器）も異常なし。さっそくケーブルをく

滑る足元に注意しながら、ROVを着水させる

りだして、ROVを湖に入れる。まずは潜航して浮力を確認するため、湖の中心部へと湖面を航行させる。この時点で、たしかに片肺飛行のように見えるが、これくらいのバランス調整であれば、たいしたことはない。では、潜航時の航行性能はどうか。

「ROV、潜入開始――」

だれに言うわけでもないが、癖でつい言ってしまう。

手元の操縦用PCで垂直スラスタの出力を上げて、潜航を開始させる。このとき、浮力調整がうまくできていないと、スラスタが水面より上に出てしまって、噴水のように水を噴きあげるだけでいっこうに潜航しないというケースもあるが、そんなこともなく、すんなりと潜航を開始した。

「意外といいじゃん」

だれに言うわけでもないが、自画自賛のように言ってしまった。純粋にうれしかったのだ。

## コケボウズとの初対面

あっというまに水深約10mの湖深部まで到達した。PCの画面には、はじめて生で見るコケボウズの群集が映しだされている。

「おおお～!」

思わず感動で声を上げてしまった。そう、自分はこの景色を見るために、幾多の苦難を乗りこえて南極まで来たのだ。しばらくＲＯＶでの湖底散歩をしてみる。後ろからＰＣ画面をのぞきこんだＡさんも、「お〜、映ってるね〜」と、うれしそう。

だが、浮かれていてはいけない。今日の目的は、ＲＯＶを安定的に航行させるための運動性能の確認である。ひとしきり感動したら、ＲＯＶを水深５ｍくらいまで浮上させ、垂直スラスタの出力を調整して中性浮力を維持するようにした。鉛直運動の浮力は問題なさそう。機体も水平を保っている。では、水平運動はどうか。水平スラスタの出力を上げて前進させてみる。これも問題ない。操縦画面にはどこまでも透きとおる青い湖が映っている。「ん？　何がダメだったんだ？」と思いながら、いったん

念願の対面を果たしたコケボウズ

陸に揚げるべく、じょじょにＲＯＶを後進させた。と、突如として、湖底のコケボウズで画面がいっぱいになった。

「これか！」と思うと同時に、こりゃやっかいだという思いがわきあがり、ひとまずＲＯＶを岸に揚収する。原因はすぐにわかった。ＲＯＶの後部にある金属プレートが重いので、そのまま水に浸けると、尻もちをついたように機首側が上がってしまう。これを補正するために機尾側に浮力材をつけていたのだが、これが悪さをした。どうやら、昨年の調査に使用したさいに、日本で調整したときよりも浮力材を追加したようだ。とりつけにも苦労の痕跡がうかがえる。追加した浮力材により、微妙に後部が浮き勝手となり、さらにＲＯＶが後進をすると、ケーブルの浮力もあいまってお尻を持ちあげられたようになり、結果、機首のカメラが湖底に逆立ち状態になるということがわかった。

じゃあ、その「微妙な浮き勝手」を微妙に修正すればいいんじゃないの？　というかんたんな話ではないのだ。というのも、浮力材は大きさ（浮力）ごとにいくつかの種類を持ってきてはいるが、この「微妙な浮力」を補正するには、どの大きさの浮力材をどの場所につけるかを、1個1個試すしかない。通常の大型・中型のＲＯＶであれば、そこまでの苦労はいらない。しかし、今回の南極用ＲＯＶは小型・軽量化を優先しており、やむをえず機体の外側に浮力材をつける構造としている。そのため、いろんな大きさの浮力材をとりつけることによってできる凹凸が抵抗となって、後進時にＲＯＶが逆立ちしてしまうのだ。

結局、すべての浮力材をはずして、もういちどゼロから浮力調整をしなおすことにした。浮力材を固定する結束バンドもなるべく抵抗にならないようにくふうし、外側に飛びだしてとりつけられていた浮力材を、機体の内側のなるべく抵抗にならない場所につけかえるなど、午前中いっぱいを使って浮力調整をやりなおした。そのかいあって、午後の1回目のテストではみごとに機体のバランスがとれていた。これで、水平を保った状態で湖底が撮影できる。

動作確認が終わったROVを湖岸に揚収したころ、別の場所で作業をしていたAさんがもどってきた。浮力材が追加されたROVを見て、ひと言。

「なんか、だんじりみたいな恰好だね」

「機体の赤も勇ましい感じがするし、KISHIWADAって名前にしますか?」

「KISHIWADAいいねえ!　さすが大阪出身!」

この瞬間、南極湖沼調査用ROV「AR-ROV01」は、愛称がKISHIWADAとなった。大阪出身の私としてはいっそう愛着がわく名前だ。

KISHIWADA

## 山上の湖・くわい池の調査

ROVの機体調整が終わり、ここからが本番。1月10日にふたたび長池を訪れてみたが、やはり湖面の氷にはあまり変化がない。2月1日に58次隊と59次隊との越冬交代が終わると、夏隊は撤収に向けた準備に入るため、いつしらせにもどることになるかわからない。そう考えると、調査は残すところ20日程度。そのあいだには、昭和基地から約170km南に位置する山、ボツヌーテンなどでの別の調査も予定されているため、ROV調査に割ける時間はほとんど残されていなかった。

ということで、しばらくのあいだは長池に限らず、ほかの湖でもROV調査をおこなうことにした。スカルブスネスには長池のほかに、コケボウズが群生する湖がふたつある。それが「仏池」と「くわい池」だ。何次隊の人が名づけたのかは知らないが、スカルブスネスをふくむ宗谷海岸周辺には、ほかにも「ぬるめ池」「アケビ池」「ザクロ池」「如来池」「菩薩池」「地蔵池」などなど、いっぷう変わった名前の湖がたくさんある。名前のついていない小さなものまで入れると50以上もの湖が点在しているが、なぜか、長池・仏池・くわい池以外の湖にはコケボウズは確認されていなかった。

過去の調査隊でも仏池とくわい池のコケボウズ調査はおこなわれているが、このふたつの湖は少々やっかいな場所にあるため、詳細な水中調査はできていなかった。何がやっかいかというと、わりと近い場所にあるこのふたつの湖の周辺には、大型のヘリが着陸できるポイントがなく、大がかりな物資の運搬が難しい。そのため、きざはし浜のベースキャンプから徒歩でアクセスするのだが、ここに至るまでの道のりがなかなかハードなのである。ゆるやかな斜面を登っていく長池までのルートと違い、仏池とくわい池は急な斜面をもつ山の頂上付近に位置している。おまけに、ゴツゴツした岩だったり、片足分くらいの幅しかない崖だったりするルートを、20kg近い荷物を背負って登っていくのである。踏みはずせば、数十m下の名もなき湖にドボン。運よく湖面に分厚い氷が張っていれば助かるかもしれないが、斜面はいわゆるガレ場だ。少し登っては休憩、少し登っては休憩をくり返しながら、1時間半ほどかけて慎重に歩

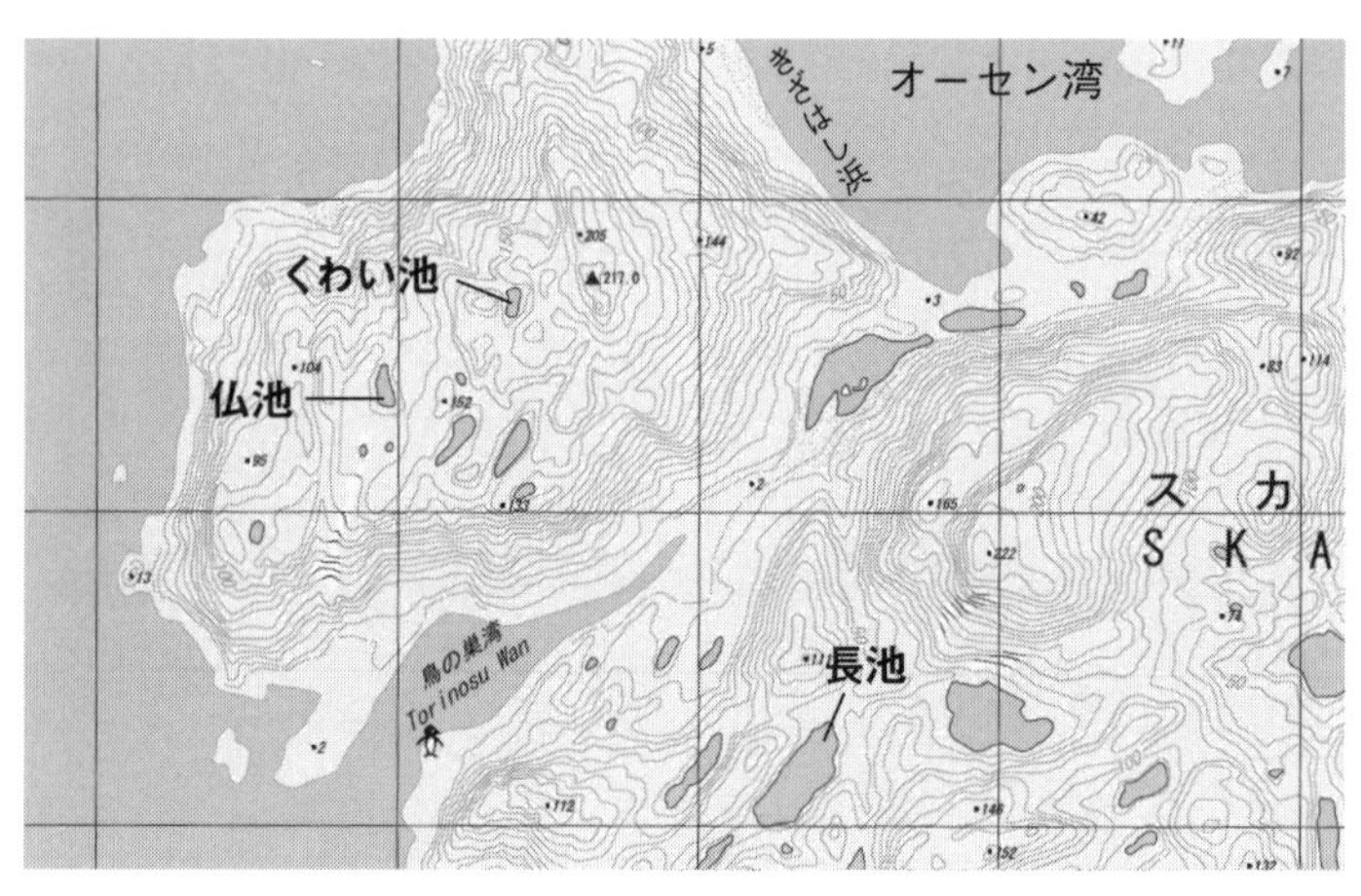


きざはし浜周辺の湖（国土地理院ウェブサイトの地図をもとに作成）

く。
岩肌の斜面を登って山頂付近に到着すると、眼前に湖と青空が現れる。このあたりの湖の多くは、窪地に水がたまってできた圏谷湖（けんこくこ）や氷河涵養湖（ひょうがかんようこ）だ。湖の周囲を壁のように岩がぐるりと囲んでおり、浜辺がないので、湖面へのアクセスが難しい。イメージとしてはカルデラ湖である摩周湖（北海道）が近いかもしれない。山頂のひときわ開けた場所にあるのが、くわい池である。くわい池は南側の湖岸が浜状になっていて、湖面にもアクセスしやすい。しかし、調査をおこなった1月11日時点では湖面に大きな氷が残っており、ソナーによる探査をあきらめてROVによる撮影だけにした。長池と違ってROVを展開する作業スペースも広いし、なにより、ツルツルの岩肌で足を滑らせて池にはまる危険性がない。

ROVの起動と準備を終えて、いざ潜航。深さ数十cm程度の浅瀬が続く。湖の中央付近まで湖面をスイスイ走らせていると、ROVのカメラに湖面の氷が映った。これ以上は前進できないので、潜航を開始する。驚くほど浅く、あっというまに着底かと思ったら、湖心部方向が深くなっていることに気づいた。長池でも同じように、湖岸から数mの位置で急激に深くなっていた。同様の地形は、このあとに潜った仏池や、きざはし浜小屋の目の前の「オーセン湾」でも見られた。スカルブスネス周辺の湖底や海底の特徴なのかもしれない。

斜面に沿ってROVを進めると、湖底にコケボウズのような物体が見えてきた。しかし、それまで長池で見ていたタケノコ状のコケボウズと違い、ポコポコとしたラクダのコブのような形状をしている。また、色は茶色っぽく表面もガサガサとしていて、お世辞にも「美しい南極の湖！」とは言いがたい。ＲＯＶをさらに深部へ進めてみると、コブのようなコケボウズに混ざって、タケノコ状のものが現れはじめる。どうしてこのような生態になるのか。湖によってもまったく違う表情であることに驚く。

しばらく周辺を観察するためにＲＯＶを走らせていると、深度計の値が２・０ｍとなり、その後は数字が小さくなっていった。これで、くわい池の最深部はおおよそ２ｍであることがわかった。一方で、湖面の氷が深くまで張りだしており、湖底と氷との間隙が70〜80㎝くらいしかない場所もあった。これでは、空気ボンベを背負ったダイバーが潜入するのは難しいし、もしトラブルがあって緊急浮上しようにも、頭上の氷が分厚すぎてたたき割ることもできない。命に危険がおよぶ可能性だってある。それに

くわい池の湖底に群生するコケボウズ

対して、ＲＯＶはケーブルを引っぱればもどってくる。南極のような場所では打ってつけのロボットだと、あらためて思った。

ひととおりＲＯＶの調査が終わるころには昼になっていた。天気もいいいし、くわい池の湖畔でお弁当用のおにぎりとカロリーメイトを食べながら、しばし休憩。南極だから当然気温は低いのだが、風がなく日差しが強いので、むしろ暖かいくらいだった。と書くと、「ウソ〜？」「それでも５度とかでしょ？」などと言われるし、私自身も現地に行くまで信じられなかったのだが、じっさいに驚くほど暖かい。いや、むしろ暑い。ダウンコートなんて着てたら汗だくになるレベル。それもこれも、肌を刺すように降りそそぐ強い太陽光のおかげなのだが、紫外線量はハンパない。おなかがいっぱいになったのでちょっと横に……なんてしようものなら、夕方には唇まで真っ赤に日焼けしてしまう。サッと食べて片づけた

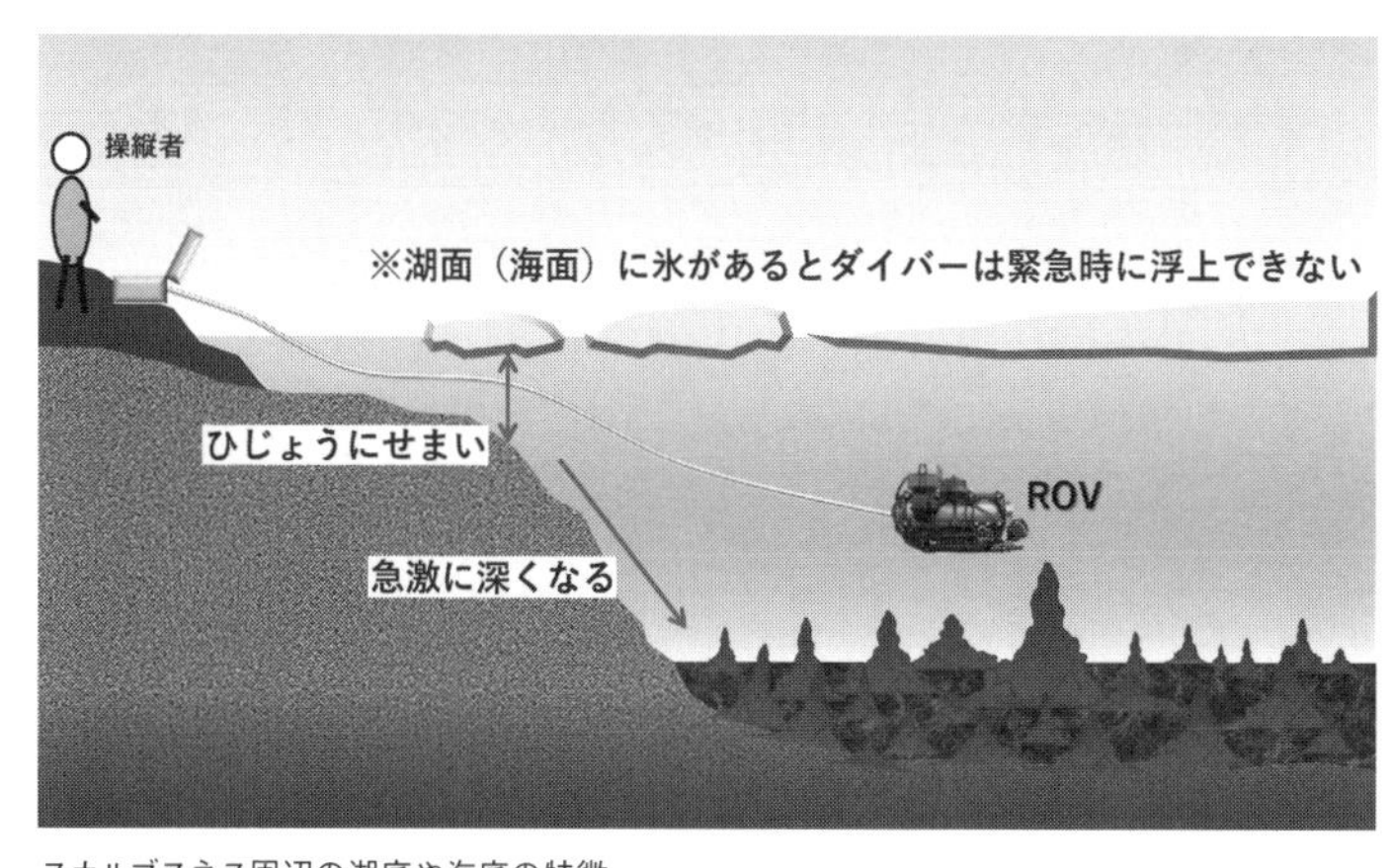


スカルブスネス周辺の湖底や海底の特徴

ら、つぎの目的地、仏池をめざして出発する。

## 仏池のコケボウズに潜む謎

仏池は、くわい池から徒歩で30〜40分くらいの距離にある。どちらの池も山頂付近にあるため、あまり高低差がなく、歩くのがらくだ。そして、なにより見晴らしがいい。ゴツゴツとした茶色い岩肌の向こうには白い氷の海が広がる。空のグラデーションに溶けこんで、どこまでも続いているように見えた。南極のなかでも、露岩域でしか見られない不思議な光景である。

ほどなくして仏池に着いた。このころには日差しがピークを迎えており、少し移動しただけで汗がにじむほど暖かかった。東側の湖畔にROVを下ろし、潜航準備に入る。操作用のPCを起動して、各部の動作をチェックしよ

仏池付近から見た南極海

うとしたとき、あることに気づいた。

「……画面、見えない……」

どんなに画面の輝度を上げても、夏の南極の快晴、しかも南中高度の日差しの下では、パソコン画面が見えないのだった。過去の野外調査での経験から、光沢液晶は反射して見えなくなるのがわかっていたので、今回のパソコンも非光沢画面のものを選んだが、南極では反射云々のレベルの話ではないのだ。通常なら、そのへんにあるダンボールや物陰に入って事なきを得るのだが、ここは南極。日差しを遮るものは……あった。さっき暑くて脱いだ上着を頭からかぶってみる。いい感じ。雨風に耐えられるだけあって、日差しもしっかり遮ってくれる。南極の野外でひきこもる斬新なスタイルだ。

準備ができたら、潜航開始。ROVを自力航走できる深さまで運ぶため、湖にジャブジャブと入っていく。ここも遠浅なため、かなり湖のなかに入っていかないと、ROVが航走するのに必要な深度が得られない。膝下くらいの深度になったところで、ひとまずROVを着水させて操縦場所にもどるが、ひとつ不安があった。それは、ROVを着水させた数m先には、湖面の氷が迫っていることだった。つまり、

ROV潜航中の著者

湖面の氷の厚さしだいでは、いくら小型ＲＯＶといっても、湖心部へ潜入することができないのである。

不安をかかえつつ、南極野外ひきこもりスタイルになって、ＲＯＶの操縦画面を見る。カメラには湖面の氷が映っている。ＲＯＶを前進させると、すぐに氷の末端が見えた。これ以上は潜航しないと進めない。試しに潜航してみる。2〜3秒で着底。深度計の値は0・7ｍ。カメラに映る氷の底と湖底との間隙はおそらく40〜50㎝で、ＲＯＶの高さギリギリ。湖底から数㎝浮くくらいに垂直スラスタの推力を調整し、前進最微速で潜入を試みる。氷の下は太陽の光が遮られるので、氷の底の複雑な形状までは読みとることが難しい。砂地の湖底を這うように慎重に前進していく。想像以上にかなり遠浅な湖のようで、しばらく数十㎝の間隙が続く。しだいに、湖底に変化が見えはじめた。これまでは茶色い砂地だったが、カーキ色のコケのようなものが点々と出はじめ、やがて湖底一面が覆われた。そして、長池・くわい池同様に、急激に深くなる場所が現れ、円柱状のコケボウズも見られるようになった。

今回の仏池調査の目的は、湖の全体像をつかむことにある。湖畔から最深部にかけてのコケボウズの形状や密集ぐあいを見るため、しばらくＲＯＶを直進させてみる。すると、これまでのふたつの湖との圧倒的な違いが見つかった。それは、コケボウズが山のような形状をしていること。長池とくわい池のコケボウズは、ひとつひとつがタケノコ状だったりコブ状だったりしていたが、仏池のコケボウズはちょっとした丘のようなものを形成し、さらにそこから二ヨキニョキと煙突状の個体が生えているように見えた。そのため、ひじょうに起伏に富んだ湖底となっており、一定の高度を保ちながら航走するのは不可能に近い。ここでのハビタットマッピングはあきらめ、氷の底とコケボウズの丘のあいだを縫うようにROVを進める。

今回は、湖面の氷が大きく残っていたため、ソナーによる詳細な調査ができなかった。ほんらいの湖の地形がこういう起伏に富んだ形状なのかもしれないが、もし、丘全体が巨大なコケボウズなのだとしたら、長池やくわい池とは異なる育ち方をしたことになる。じゃあ、その条件は何だったのか。気になるところである。

さっき「円柱状」と表現したコケボウズの形状もおもしろい。仏池は湖心部付近でも水深が2・5mくらいしかなく、一方で湖面には分厚い氷が張ることから、コケボウズの頭頂部が押しつぶされて、円

仏池の湖深部付近にある巨大なコケボウズの丘

柱状になっているものが多く見られた。コケの表面もガサガサとしており、ほかのふたつの池とは違う表情をもっていた。

湖の環境が違うのか。周囲や湖底の地形が影響しているのか。直線距離でたった2㎞ほどしか離れていない長池と仏池。そのあいだには大きな谷が存在しており、それが影響しているのかもしれないが、じっさいのところはわからない。これから多くのデータを蓄積していくことで、見えてくるはずだ。今回のROV調査によるデータが、その謎の解明に役に立ってくれることを願う。

## オーセン湾を探査せよ！

前日のくわい池・仏池調査の熱が冷めやらぬ今日は、ROV調査と並行して採取していたサンプルの処理をおこなう。水やコケのサンプルをナンバリングしたり、冷凍保存するために小分けにしたりする作業である。正直、この作業にはロボット屋の出番がない。へたに手伝ってまちがったらエライことになるので、私は、となりのラボテントでROVのメンテナンスをすることになった。しかし、昼前にはメンテナンスも終わってしまったため、午後から何をしようかと、昼ごはんを食べながら話していると、Aさんから「オーセン湾に潜ってみたら？」と提案があった。

オーセン湾とは、きざはし浜の目の前の海のことで、湾の北側が開けて南極海につながっている。そのため、ペンギンは毎日のように来るし、ときどきアザラシも日向ぼっこにくる、おもしろい場所だった。おそらく南極海のなかにはかれらのエサとなる生物も豊富にいるのだろうが、オーセン湾はほぼ1年をとおして海面が氷で覆われており、冬場には昭和基地からきざはし浜まで雪上車で乗りいれられるくらいの分厚さになるので、氷の下での詳細な潜水調査はしたことがないらしい。

そんな話を聞いたら、潜らずにはいられない。ひょっとすると、とんでもないお宝的な発見が眠っているかもしれない。さっそく午後イチでROVを潜航させることにした。干満の差が大きく、満潮時には浜辺まで海面の氷が乗りあげるほどだが、干潮時には氷が後退して海面が

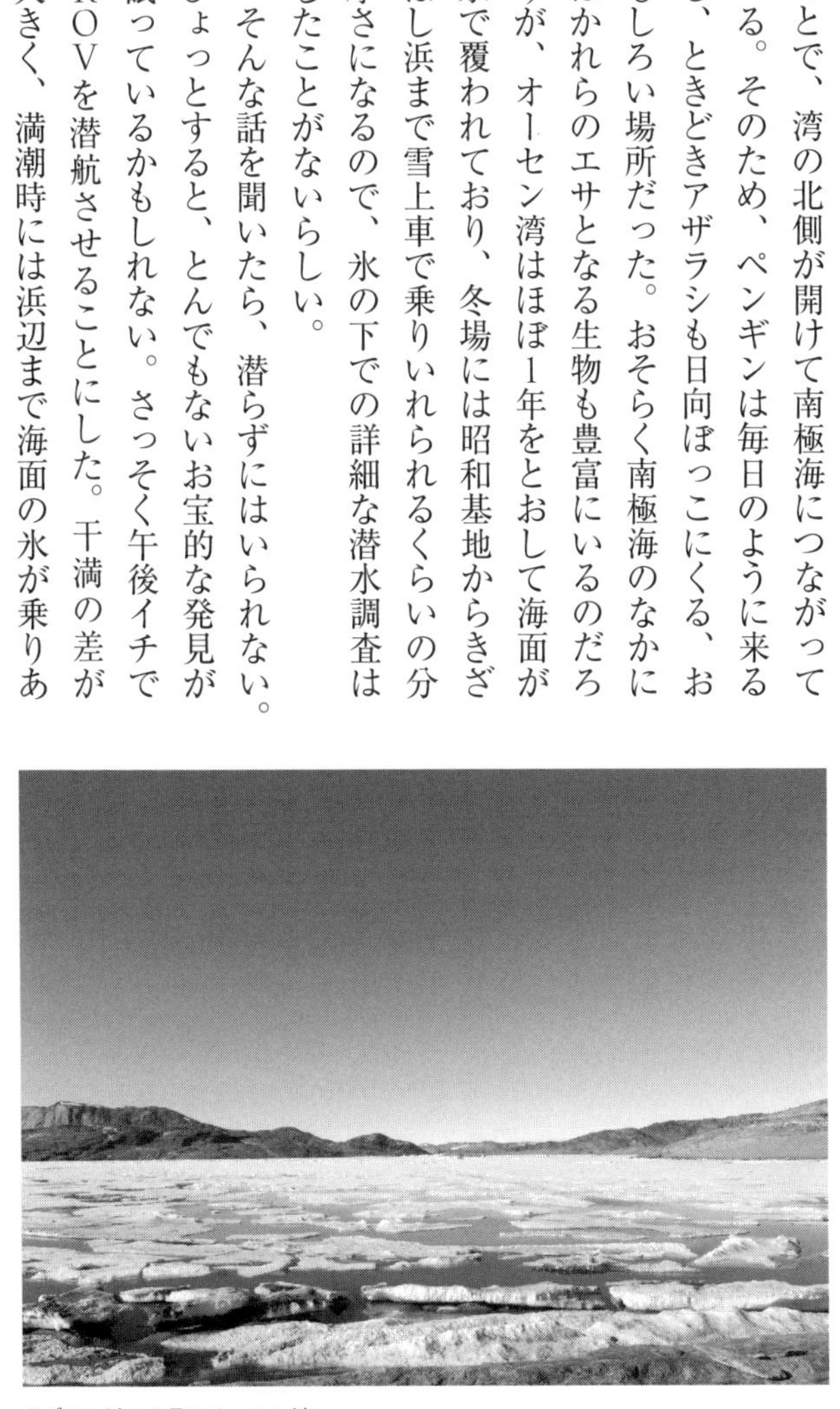

きざはし浜から見るオーセン湾

現れる。小屋を出て周囲の浜を見渡すと、すぐ目の前の徒歩数秒の場所に海面が現れていた。なんと好条件。湖沼調査のさいは重い発電機の運搬がたいへんなため、大型のバッテリでROVシステム全体を動かしており、調査には時間的な制限があった。しかしこの場所なら、小屋から予備の発電機を運ぶことができる。

大急ぎで準備を整え、いざ南極海へ潜航開始！　と思ったが、ここも驚くほど遠浅である。ROVを持って一歩一歩、足元を確かめながら海のなかへ入っていく。くるぶしの上くらいの深さのところまで来ると、海面に薄い透明な氷が張っていた。薄いといってもそこそこの強度があり、とてもROVでは砕氷はできそうにない。いったん小屋にもどって、ゴムボートのオールをとってきた。オールを大きく振りかざし、バリバリと氷を割ってROVの航路を確保する。はたから見たら、きっとストレスでおかしくなったのかと思うような光景だったにちがいない。

1時間ほどかけて、ROVの潜航準備がようやく整った。白夜とはいえ、すでに日が傾きかけていて、少し寒い。2時間が限界だろう。意外と重かった発電機を持ってきた意味はなくなってしまったが、きっと人類が見たことのない世界が待っていると信じて、ROVを前進させる。水深1mほどの浅い海底が続いていたかと思うと、急に海底が見えなくなり、眼前にモヤモヤとした雲のようなものが現れて、ROVを覆った。操縦画面には青い海と、すじ雲のようなモヤモヤとしたものだけが映しだされ、まるで雲のなかを飛行しているような気分になる。

このモヤは、どうやら「アイスアルジー」とよばれる、海氷の底面に付着した珪藻類や微生物のようだが、あとで映像を見たAさんも「見たことがない」と話していた。

雲の下には何があるのか。そんな思いで、ゆっくりとROVを潜らせていく。すると突然、スーッと雲のようなモヤが消えて、海底が見えた。雨雲のなかを飛行していた飛行機が高度を下げ、都市の明かりが見えてきたときの感じに似ている。同時に、ひどく驚いた。

「なんじゃコレ!?」

海底一面に、何かゴロゴロとしたものが散らばっている。それも、見渡すかぎり、どこまでも続いているのだ。これまでいろんな海に潜ってきたが、こんな海は見たことがない。いったい何なのか。海底資源のマンガンノジュール？　だとしたら大金持ちだ！　さらば！　すきま風吹くわが家！（※注――南極条約により、南極での資源開発は認められていない）

はやる気持ちを抑えて、ROVをゆっくりと海底に着底させる。操縦画面の映像に、あらためて目を疑った。なんと正体は、海底一面を覆いつくすおびただしい量の貝（ホタテの仲間）と棘皮動物（ウニの仲間）だったのだ。近年、ウニが大量繁殖して海藻を食べつくし、魚や貝が棲めなくなる「磯焼け」が全国的に問題となっており、ウニが覇権を握っている海域は何度か見たことがあったが、ここではウニとホタテがなかよくコロニーを形成している。いや、むしろホタテの勢力が圧倒的に上回っている。しかも、多くのホタテが稚貝を背負っているではないか。恐るべき生命力。興奮を抑えつつ、さらなる発見を夢見てROVを進めると、あることに気づいた。

「なんかウニの形、へんじゃない？」

パッと見た感じはキタムラサキウニのような形状なのだが、なぜかどのウニも、上の面に皿のようなものがある。じつはウニじゃなくて、首から下が砂に埋まったカッパか？　そんなバカげたことを思いながら、ROVをウニのすぐ近くに着底させてカメラでよく見てみると、どうやら皿に見えたのは貝の殻で、見渡すかぎりどのウニも殻をかぶっている。なるほど。外敵から身を守るためにカムフラージュしているのだ。

「南極のウニも、なかなかやるな」

なんて、のんきなことを思っていると、突然、操縦画面が大きく揺れて、ROVが浮上をはじめた。いや、浮上なんて穏やかな状況ではなく、何かにケーブルを引っぱられたように、いっきに浮きはじめた。あわてて機体の体勢を立てなおそうとするも、

見渡すかぎり続くホタテとウニのコロニー

コントロールを失って、グルグルと錐揉み回転をはじめたと思ったら、海面の氷が見えた。危ない！　ぶつかる！　システムの緊急停止ボタンを押したところで、やっと回転と浮上が止まった。

何だ？　ペンギンか何かがROVケーブルを引っぱったのか？　ひとまず状況を確認するために、各スラスタ（推進器）を動かしてみる。潜航させようとすると、ふたたび錐揉みのように機体が回転をはじめた。どうやら、片側のスラスタに問題が起こっているようだった。このままでは調査が続行できない。いったんROVを揚収することにした。

陸に揚げたROVを見て愕然とした。ようすを見にきていた筑波大のSさんも声を上げる。

「マジかあ……」

ROVの左側の垂直スラスタに大きな貝がつまっていた。どうやら、舞いあがったホタテを巻きこんだらしい。殻をとりのぞいて動作チェックをすると、問題なく稼働。ホッと胸をなでおろす。

貝殻で身を隠すウニたち

## ひとつの仮説と新たな目標

あらためてROVを潜航させる。ふたたびアイスアルジーの雲のなかを抜けて、こんどは少し沖合に出たところでROVを着底させる。水深は約14mだが、海面が分厚い氷で覆われているので光が届かず、少し薄暗い。海底にはあいかわらずホタテとウニがびっしり。突然の異質な訪問者に驚いたホタテが、パクパクと貝の殻を器用に開閉させて泳ぎだす。さっきのトラブルも、こうやって泳ぎだしたホタテがスラスタにつまったようだ。じゃましてごめんよ。

ROVのケーブルは100mなので、限界まで沖合に出てみることにした。しだいにホタテとウニの密度が下がり、かわりにほかの生物が見られるようになってきた。なにやらブヨブヨとした腸のような生物や、深海ではおなじみのクモヒトデ、海底から生えているように見える白いウミユリのような生物の群集に、キュウリのような色とトゲっぽいものがある生物など、多種多様な生物が生息している。見覚えのない生物は、ヒモムシの仲間やケヤリムシの仲間、イソギンチャクの仲間のようだった（採取してDNAから種の同定をおこなったわけではないので、ここでは「仲間」と記載）。

ひととおり周囲の状況の観察を終えて、ROVを回収する。しかし、想像以上に生物が豊かであったことから、さらなる興味がわいてきた。そこで、こんどはきざはし浜の東側からアプローチするルートでＲＯＶを潜らせてみることにした。さっきの潜航地点とは直線で５００ｍほどしか離れていないのだが、さっきは深度が少し変わっただけでホタテやウニの密集度が変わったことから、近距離でも生物相に変化があるかもしれないと考えた。

潜ってみると……やはり、さっきの海域とはまったく違った風景が広がっていた。浅瀬のあとに急激な傾斜があるのは同じなのだが、そこにはホタテもウニも見当たらない。かろうじてヒトデが1〜2個体いるていどで、砂漠のような風景が続いている。おまけに水の透明度がひじょうに高く、水中を潜っているように感じない。湾の中心に向けてしばらく航走していると、海底に白い生物が見られるようになってきた。おそらく、最初の海域にもいたゴカイの仲間と思われる。が、しばらくして目を疑った。その生物が、海底一面、お花畑のように広がって生息しているのだ。見渡すかぎり、湾の深部方向へどこまでも続いている。最初の潜航ポイントからたった５００ｍくらいしか離れていない場所で、今回もＲＯＶを湾の深部に向けて航走させているので、どこかでホタテやウニが見えはじめる生物相の変化ポイントがあるはずだ。が、あいにくＲＯＶのケーブルが足りず、その変化をとらえることはできなかった。

ROVで接近して撮影したケヤリムシの仲間

しかし、このとき、頭のなかではおもしろい仮説を組み立てていた。

いま目の前に広がる、お花畑のように海底一面に生息するケヤリムシの仲間（おそらくカンザシゴカイの仲間）は、近くにROVを寄せると、「ヒュッ！」と砂のなかに隠れてしまう。かれらは地中に石灰質の「棲管（せいかん）」（ハオリムシの棲管と同様のもの）をつくっており、敵から身を守るためにそこに隠れるのだ。何がおもしろいかというと、きざはし浜小屋から少し内陸に歩いていくと、この棲管が地表にたくさん落ちている場所がある。それも、かなりの量で、だれかが食べてココに捨てた貝塚じゃないかと思うほど。海からは数百mしか離れていないが、現在は海と完全に隔たれている。しかも、落ちている棲管はやたらと硬く、ちょっとやそっとじゃ割れない。さらに、きざはし浜の波打ちぎわにはアザラシのミイラがある。過去にサンプルを持ち帰った隊員が年代測定を

海底一面に生息するケヤリムシの仲間

してみたところ、このアザラシは約2000年以上前のものだったことがわかっている。

つまり、この浜は2000年近くまえから現在のような姿であったと想像でき、それよりも何千年もまえには、内陸まで海が広がっていたとも考えられる。そして、内陸に落ちている棲管はどうやら化石で、当時は、いま自分がROVで見ているようなケヤリムシのコロニーが広がっていたのかもしれない。もしかすると、かれらはシーラカンスやオウムガイと同じ「生きた化石」なのかもしれない。

そんなことを考えながら画面を見ていると、腹の奥底から背筋にかけて、ゾワゾワともワクワクとも違う、なんとも不思議な思いがこみ上げてくる。ひょっとすると、この海のもっと深くには、人類が見たことのない世界や発見があるかもしれない。そう思うと、ROVのケーブルの長さを100mにしたことが悔やまれる。ぜったいにまたこの海に潜るという目標が生まれた。

## ROVの分解修理を決断

オーセン湾での調査からしばらくは、ボツヌーテンへの日帰り調査や、DROMLAN(Dronning Maud Land Air Network：東南極航空網)でやってくる外国人研究者の受け入れ準備などであわただしく毎日が過ぎていった。そのためROVの調査もひとまずお休みだったのだが、じつは少し気になっていたことがあった。先日の仏池での潜航後、機体の洗浄・整備をしていたとき、アンビリカル・ケーブル用のコネクタがゆるんでいるように感じた。ほんの小さなガタつきだったので、その後のオーセン湾での調査では、外部からコネクタ全体を強く固定することで対応していた。だが、オーセン湾調査のあと、明らかに以前よりガタつきが大きくなっているのに気づいた。

「マズイなあ……」

ラボ用テントから出て小屋にもどり、メンバーにROVの状況を説明する。分解修理となれば、一大事だ。きざはし浜小屋のメインテーブルを数日間は占拠することになる。おまけに精密機器にとっていちばんやっかいなのが、小屋のなかでも、ときおりキラキラと雲母(うんも)が舞っていることだ。雲母じたいは絶縁性のある鉱石だが、コンピュータなどの内部に入りこむのは好ましくない。もちろん人間にとっても。いっそコネクタを接着剤でガチガチに固めてしまうか？　食事は小屋の外でするか？　いろいろと方法を考えるなかで、2日後にしらせのヘリがきざはし浜に立ち寄るとの情報が出た。それに乗ってしらせへもどり、船の観測室で分解修理をすることとなった。

しらせへともどると、状況を聞いていた夏隊長（しらせに常駐）が甲板で出迎えてくれた。

「えらいことなったなあ。まあ、まずはお風呂入り」

温かく迎えてもらえたことで、予定が変わったことへの罪悪感が少しやわらいだと同時に、かれこれ半月は風呂に入っていないので、くさかったのかもしれないという思いがわいた。

ROVを観測室に運んでひとまず風呂に入り、昼ごはんを食べて整備にとりかかる。自分で設計しておいてなんだが、かなり複雑な構造のため、ネジを数本はずすくらいでは目的のコネクタにたどり着かない。ほぼ、全分解である。図面を見ながら、1本1本、ネジとケーブルをはずしていく。ようやく目的のコネクタにたどり着いたときには夕食の時間になっていた。きざはし浜ではワイワイ楽しくごはん食べているんだろうなあと、少し寂しくなる。

ゆるみの原因は、外部に発注した部品の加工不良と輸送時の振動とわかった。すぐさま修正をして、ふたたび組み上げる。翌日のフライトはすでに決まってしまっているので、明日中にきざはし浜にもどることはできないが、明後日は「なまず池」での潜水調査で、しらせからきざはし浜に行く便がある。ここではROVの出番はないが、このタイミングを逃すと、つぎはいつ、きざはし浜にもどれるかわからない。この日はほぼ徹夜で復旧作業をし、あと一歩のところで力つきた。

翌日も、朝から復旧作業にとりかかる。いちどすべてを分解してしまっているので、通電や漏水のチェックなどもしな

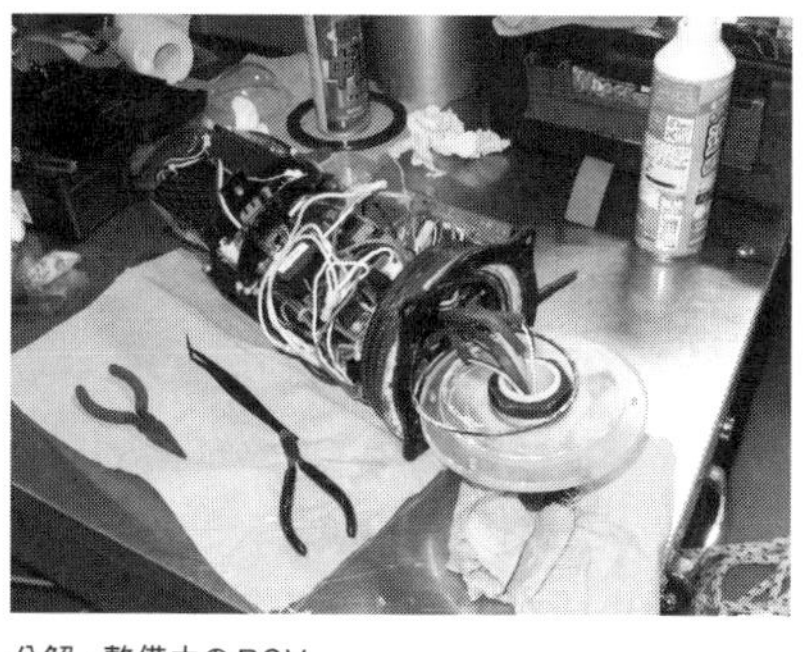

分解・整備中のROV

くてはならない。明日のヘリに乗りこむには、昼過ぎまでには見通しが立っていないといけない。時間との勝負である。焦りつつも、ミスがないように慎重に組み立てをおこない、昼前には重査試験（水中のバランスを見る試験）までこぎつけた。

昼食時、隊長から「どう？　どんなようす？」と聞かれたので、「夕方には終わるので、明日のフライトにはまにあいます」と伝えた。なんとか「なまず池」の調査にまにあいそうだ。

## 2 南極で水中ロボットにしかできないこと

### 水中ロボット工学者の役割とは

翌朝、第1便でしらせを発艦し、きざはし浜にもどると、メンバーが温かく迎えてくれた。ああ、やっぱり湖沼チームは居心地がいいなあ。ヘリからROV（アールオーブイ）を降ろして、かわりになまず池の調査機材を積みこむ。

なまず池は、スカルブスネスをぐるりと回りこんだ南側に位置しており、ヘリなら、きざはし浜から10分もかからない。ただ、着陸ポイントが恐ろしくせまいため、天候のいいときにしか行くことができない。ほかのポイントだと池から離れてしまって物資輸送がたいへんになるし、少しの風にあおられただけでヘリのブレードが岩肌に当たってしまう恐れもある。そのため、湖にわずかに張りだした場所に着陸するのだが、最初に着陸地点を見たときは、ホントにこんなせまい場所にこの大型ヘリが降りれるのか!? と思ったほどだ。しかし、そこはさすが

なまず池への着陸

海上自衛隊。ゴツゴツとした岩の上にピタッとヘリを着陸させた。

なまず池の調査は、過去に設置した温度計を回収するミッションだった。ROVではなく人が潜水して回収するのだが、なんせ氷の張っている湖での潜水は危険をともなうため、湖面からのサポートが必要になる。そこで、私ともうひとりがゴムボートで潜水者の近くまで行って、ライフロープを張るなどのサポートをする。また、潜水者が潜水病や低体温症になる可能性もあるので、昭和基地の医師も調査に同行する。

潜水者の準備が整い、われわれもボートでなまず池へ漕ぎだす。水深は10m以上ありそうだが、透明度が高いため、湖底がすぐそこにあるように見える。天気もよく太陽も出てきたので、湖面でも暖かい。ただ、お尻は冷たい。防寒着を着ているとはいえ、ゴムボートの底を隔てた外側は南極の湖である。だんだんと接触部が冷えてくる。おまけに、心なしかゴムボートの側面の弾力がなくなってきている気がする。いや、気がするばかりでなく、まちがいなくパンパンに空気を入れたのに、いまは指で押すと凹んでしまう。いっしょにボートに乗っていた隊員と「空気、抜けてるね」なんて呑気な話をしてみるが、心は穏やかじゃない。すぐ助けてくれる医師がいるとはいえ、南極の冷たい湖で着衣泳なんてできる自信がない。ふたりはだんだんと無口になる。なるべく身じろぎしないようにしつつ、潜水者のサポートに努める。

作業開始から1時間くらいしたころ、無事に水温計を回収して、潜水作業が終了となった。慎重に、かつ急いでボートを漕いで湖岸にもどり、事なきを得たが……このボート、近いうちにまた使うんだよね？　そして、また自分が漕ぐんだよね？　どこから空気が漏れてるかもわからないので、不安しかない。

そして、2日後。同様の調査を長池で実施する日がやってきた。もちろん、ゴムボートも使う。今回は、水温計よりもはるかに大きなビデオ記録装置を回収し、2艘（そう）のボートで湖岸まで引っぱるというミッションがある。そのための

なまず池での潜水者による調査

訓練も日本でおこなってきた。空気が抜けること以外、準備は万端である。長池までは、いつもはROVを背負って徒歩で行くが、この日は空気ボンベやゴムボートなど装備が多いため、往復ともヘリでの輸送である。しかし、らくして運べるときにかぎってROVの出番はない。なまず池に続き、今回もROVは小屋でお留守番である。

長池に着くと、まだ湖面には大きな氷が残っていた。例年にくらべて、この時期までとけずに残っているのはめずらしいとのことで、潜水作業も気をつけなければならない。なまず池同様、潜水者のサポートも兼ねてボートで長池へ漕ぎだす。この日も天気がよく、風も穏やかで気持ちいい。ほどなくして湖心部に到達し、前回の調査時にビデオ記録装置を設置した場所をGPSで確認すると、ちょうど湖面の氷の下だった。潜水者はライフロープをつけて、氷の下へと潜入していく。そのあいだ、ボートは湖面の氷にガッチリと固定し、ライフロープの反応に集中する。引っぱる動作があれば、緊急事態だ。ロープを持つ手に神経を集中する。

しかし、何の反応もないまま10分ほどが過ぎた。ボートの空気が気になる。すると突然、ボートの脇に黒く丸い物体が浮いてきた。もどってきた潜水者の頭だった。

「ダメ、ぜんぜん見つからない」

「GPSの方角はあってる?」

水中ではGPSなどの電波航法が使えないので、方位磁石が頼りになる。そのため、湖面からGPSで位置を確認し、捜索する方向を指示する。結局、午前中いっぱい使っても、装置は見つからなかった。

「こんなときこそROVじゃない？」

少し重い空気のなかで昼ごはんを食べていると、そんな話さえ出るようになった。たしかに、ROVなら潜水者が危険な目に遭うことはないし、ボートが湖面で待機する必要もない。装置が見つかってから泳いでいけばいいのだ。しかし、これまでいろんな場所で潜ってきた人たちが探しても見つからなかったのに、はたしてROVに見つかるだろうか。重い空気がそんな弱気な気持ちにさせる。ヘリが迎えにくるまでの時間も限られている。今回の調査で見つからなければ、次回はいつ回収できるかわからない。現場に焦りの色が見えはじめる。

午後の潜水のまえに、ビデオ記録装置があるとされるポイントに正確に誘導するため、もういちど全員でGPSデータを見直し、湖面からではなく湖岸の高い位置から無線を使って、細かな位置修正をすることにした。帰りのヘリが迎えにくるまでの残り時間はわずか。あと1回の潜航に賭けて、ふたたび湖心をめざす。

しかし、やはり見つからない。潜水者は何度も湖面に上がってきて、方位を確かめてはふたたび潜ることをくり返す。そこに、湖岸にいた隊員から無線が入った。

「CH（輸送ヘリの呼称）、しらせ発艦！」

予定より早い。天気が崩れはじめているため、どうやらピックアップの予定が早まったようだった。しかも、このときしらせは昭和基地を離れてラングホブデ沖にいた。つまり、ふだんよりスカルブスネスに近い場所にいて、短い時間でヘリが到着する。おそらく15分――。

残り10分を切った段階で、つぎを最後の潜水とすることにした。これで見つからなければ、今回の調査での回収はあきらめる。潜ってから1分、2分と経過し、3分が経過したとき、ライフロープが思いきり引っぱられた。急いで力いっぱいロープをたぐり寄せると、氷の下に装置らしき影が見えた！

「よし！」

装置をボートの直下までたぐり寄せたら、全力で岸へともどる。もう、いつヘリが来てもおかしくない。幸い、搭乗する人員と資材が多いため、ヘリは2往復する。きざはし浜にもどるわれわれはあとの便となった。そのあいだに、ボートをたたんだり潜水機材を片づけたりと、あわただしく撤収の準備をする。

ほどなくしてヘリが到着し、1便目を見送ったら、現場の空気がいっきにゆるんだ。ドラマのようなできごとにみんなが興奮し、笑顔になった。

しかし、このころから、私のなかで焦りにも似た感情がわきはじめていた。私が南極調査に参加することになったのはここ1～2年だが、極地研のメンバーは、今回の調査に向けて何年もかけて準備をしてきた。日本の南極観測は、さまざまな分野の研究者が参加するため、生物学者が毎年、大勢行くわけではない。私が参加した59次隊は生物調査がメインだったが、別の次隊では宙空観測がメインだったり、海洋観測がメインだったりと、次隊によって柱となる観測が異なる。もちろん、宙空観測がメインの年でも、生物や地質などの隊員が参加し、現地で機器の交換をおこなったり経年データを取得したりしているが、メインの観測とくらべると、参加できる隊員は圧倒的に少なくなる。

前回、陸上生物グループが大がかりな調査をおこなったのは約7年前。その後、取得したサンプルやデータを分析し、得られた結果をもとに、数年がかりで今回の調査計画を練りあげてきた。つまり、今回の調査で得られた研究データも、また数年後の調査計画に活用される。だが、結果が得られなければ、次回はいつ、大がかりな調査のタイミングが回ってくるかわからないのだ。

今回の南極行きで、私自身は、南極調査用の小型ROV開発というテーマを掲げていた。しかし、ROVを開発して、現地で実験すれば終わり、ということではない。ROVはあくまでも調査のツールであり、動いてあたりまえであって、これによって得られる成果が重要なのだ。その成果がメンバーの将来を左右しかねない。KISHIWADAは、そういう重要な任務を背負っていた。

ある日、このことを就寝前にポロっと口にすると、みんなは「気にしすぎだよ〜」と明るく笑っていたが、やはり、水中ロボット工学者として、自分が生みだしたロボットが成果を出さないのは、自分が粗悪な歯車になることのようにさえ思えた。

## 南極で、まさかの風邪をひく

長池での調査の翌日は、ラングホブデの「雪鳥沢（ゆきどりさわ）」への移動の日であった。しかし、朝からなんだかのどが痛い。連日の湖面でのボート漕ぎが影響したのか、少し熱があるように感じる。だが、食欲もあるし、鼻水が出るわけでもない。「疲れが出たのかも」というメンバーのことばに励まされ、とりあえず、野外観測に出るチームに配布される救急箱のなかにあった謎の風邪薬を飲んで、ようすを見ることにした。

雪鳥沢は第141南極特別保護区に指定されていて、コケ類や地衣類の変化を観察するために、1984年から長期モニタリングがおこなわれている地域である。2002年に保護区に指定されて以来、地区内に入るには環境大臣の許可が必要な地域となった。ここではROV調査は実施しないのだが、せっかく南極に来たからには、ぜひとも立ち寄りたい場所である。

この日はラングホブデ周辺の天候がよくなく、午後からのフライトとなった。途中、「ぬるめ池」に立ち寄って温度計の設置をおこなったので、雪鳥沢に着いたのは日も暮れかかった夕方だった。ここにもきざはし浜同様の小屋があり、到着してすぐに小屋を立ち上げる。発電機をつけて無線機や装備が動くことを確認するが、どうも発電機の調子が悪い。

白夜とはいえ、この時期になると、太陽が山影に隠れるようになってくる。夕方には周囲が薄暗くなり、気温も低下する。最低限の生活ができるように小屋を整えたら、すぐに夕食の時間となった。料理をはじめようとしたとき、ホワイトボードにある注意書きが目にとまった。

日付がつい2か月ほどまえである。やはり発電機の調子が悪いのはまちがいないようだが、炊飯器とレンジが同時に使えないのはかなり痛手だ。しかも、同様の注意書きがあちこちに貼ってある。トドメは室内にあるむき出しの排熱管。「火傷します。高温注意」と配管にマジックで書かれている。命を守る大切なインフラなのでしっかり整備してほしいが、こんなところまで研究予算縮小の波が来ているのだろうか。

翌日は朝から雪鳥沢の調査に向かう。……はずが、明らかに体調が悪化している。救急箱の

発電機運転時、
発電棟のドアは開けておくこと。過熱します。

2017. 11. 7
1号機不調のため、
レンジ、炊飯器を使用するさいは2号機で。

以下の組み合わせはダメ！（発電機止まる）
・ストーブ＋炊飯器
・レンジ＋炊飯器　　2017. 11. 16

薬を飲むも、効いてる気がしない。そんなわけで、私はこの日、おとなしく小屋で過ごすことになった。天気もいいし、風も弱い。こんな絶好の調査日和に……無念……。しかし、まったく音のない世界で目を閉じると、あっというまに眠りについた。

翌日も、いっこうに体調がよくなる気配がない。あいかわらず謎の薬を飲みつづけているが、ほんとうに効く薬なのか、不安になってきた。だれだ、南極では風邪ひかないから薬なんかいらないと言ったのは。それを信じて常備薬のパブロンをしらせの引き出しに置いてきたのに、思いきり必要じゃないか！　多少の憤りを感じつつも、とにかく体調をよくするしかない。幸いにもユンケルは持ってきていたので、これを飲んでおとなしく寝る。

この日にきざはし浜にもどる予定だったが、ヘリの調子が悪く、1日延泊となった。そのため、ほかのメンバーは小屋の周辺での調査に行き、ときどき生存確認の無線が入る。無視すると緊急事態となってしまうので、寝入ったころに起き、寝入ったころに起きをくり返していると、昭和基地からきざはし浜へもどるヘリの情報が入ってきた。なんと、今日はフライトしないはずだった小型の観測ヘリコプター（通称・ＡＳ）が、急遽、発電機を載せてこちらに来るという。さらに、そのついでに湖沼チームのメンバーをきざはし浜へとピストン輸送してくれるとのこと。ゆっくり療養モードから、いっきに撤収モードへと移行する。

ほどなくして、ＡＳが発電機と設営隊員を載せて雪鳥沢にやってきた。入れかわるようにして湖沼チームの物資とメンバー2名が乗りこんで、きざはし浜にもどる。私は2便目に載ることになった。南極に来てすでに1か月以上が過ぎようとしていたが、ＡＳに乗るのははじめてだった。自衛隊のＣＨ-１０１ヘリコプターと違い、パイロットのとなりの席に座ることができるため、大きな窓で南極の雄大な景色を見ることができる。じつは、このヘリに乗れることを楽しみにしていた。

じっさいに搭乗してみると、ＡＳは機体が小型なので小まわりが利き、足元にも窓があって見晴らしがいいため、空中散歩をしているような気分になる。体調の悪さが吹きとぶくらいに気持ちがいい。きざはし浜にもどる途中、翌日にＲＯＶ調査を予定している長池の湖面の氷の状況を見るために、少し遠まわりをしてもらった。しかし、やはり前回の調査から2、3日しかたっていないので、それほど状況は変わっていなかった。大きく迂回して、きざはし浜へと機首を向ける。そのさい、くわい池と仏池が見えた。こちらの池は湖面の氷が完全にとけている。明日の調査を長池から変更すべきか。各池の状況を写真に撮って、夜に作戦会議をすることにした。

夕食後、ＡＳから撮影した各池の状況を見ながら、明日のＲＯＶ調査の作戦を立てる。湖面の氷がとけきっている、くわい池・仏池にすべきか。当初の予定どおり、長池の調査

AS搭乗記念？ の一枚（右が著者）

に集中すべきか。定時交信ギリギリまで議論が続き、結果、湖面の氷が残ってはいるが、コケボウズの最大の生息地である長池を調査することになった。明日の風向きによっては、湖面の氷が反対側の湖岸に流されて、調査のじゃまにならないかもしれない。明日に賭けることにした。

翌日、ユンケルのおかげか、少し体調が回復していたので、朝から長池におもむき、ROVによるハビタットマッピングを試みた。湖面にはまだ3割くらいの氷が残っており、風の影響で西側の湖岸に寄っている。ひとまず、氷を避けて、少し南側の湖岸から湖心に向けてアプローチすることにした。しかし、昼前には風向きが変わって、氷が南側に移動してきた。そのため、いったん調査を中断して、西側湖岸に移動した。こちらのほうが湖深部へのアクセスがしやすく、コケボウズの密集度が高いことも前回の予備調査でわかっていた。13時を過ぎたあたりから急激に天気が悪くなってきた。頭上を黒い雲が覆い、雪が降りはじめた。これ以上は危険と判断し、14時過ぎにROVを揚収して、急いで小屋へともどった。

この寒さがトドメになったのか、小屋に着くなり、ベッドに倒れこんだ。そこからは記憶がなく、夜になって目が覚めた。食欲もなく、ロールケーキを数切れ食べて、ふたたびベッドに潜りこむ。

「んんんんっ!? うえっ！」

突然、Aさんが声を上げた。

「このロールケーキ、カビ生えてるよ！　え、食べたの⁉　ダメダメ！　吐きだして！」

……嘘でしょ？　めっちゃ食ったじゃん……風邪＋食中毒なんて勘弁してよ……。でも、もうあらがう気力もなく、ふたたび眠りについた。幸い、自分が食べた箇所はカビに侵されておらず、食あたりはまぬがれたが、夜の定時交信時にはふたたび体調が悪くなっていた。

昭和基地との定時交信では、周辺の天気が崩れているため、しばらくヘリコプターによるフライトが難しいということが伝えられた。2日後にはスカーレンへの移動が予定されていたが、つぎは5日後のフライトになる可能性があるとのことだった。昭和基地との交信を終えて、会議がはじまる。思いきり風邪！という感じでもないが、少しよくなってはまた少し悪くなってをくり返している。つぎのフライトは5日後で、残りの薬の量を考えると、私をこのまま小屋に置いておくことはとても無理そうだった。しかし、明日は自衛隊のヘリは飛ばないことが決定している。どうする？

ふたたび昭和基地を呼びだす。

「1名、体調不良でしらせへの帰艦を要望したいのですが？」

ほどなくして昭和基地から返答があった。いつから調子が悪いのか、残りの薬の量、ほかに体調が悪い者はいないか、など詳細な聴きとりがおこなわれたあと、しらせにいる夏隊長との調整のため待機、となった。そして――

「きざはし浜、明日は自衛隊のヘリは飛びません」

やっぱりな～という思いが小屋のなかに漂う。

「かわりに朝イチでＡＳが飛んでくれるそうです。そして、そのまま昭和に入ってください。しらせにもどるまえにドクターが診てくれることになりました」

なんとありがたい。昨日、ヘリの運休日にもかかわらず、雪鳥沢に発電機を届け、われわれ湖沼チームをきざはし浜へと送りとどけてくれたＡＳが、ふたたび救助にきてくれるというのだ。ただ、病状が不明なため、船への帰艦は許可されず、いったん昭和基地の診療所で症状を診てからということになる。とにかく、ライフラインが整った環境に病人を移せることになり、きざはし浜小屋のなかは安堵に包まれた。

## トホホなありさまで、あこがれの昭和基地へ

翌朝、ＡＳがきざはし浜へ飛んできた。メンバーに見送られ、私はきざはし浜を飛び立った。昭和基地の方面はすでに黒く重い雲が立ちこめている。数時間もしないうちに天気が崩れるにちがいない。風も強くなりつつある。ときおり、横にスライドするように機体が風に持っていかれるのがわかる。パイロットのＭさんは何回も南極の空を飛んでいるベテランなので、こういう状況でも、いろいろと周囲のようすを説明しながら飛んでくれる。途中、ラングホブデ氷河の上をフライパスしたさい、氷河調査チームが見えた。定時交信では過酷な調査状況が続

いていると聞いていたが、無事に調査ができているようだった。

ほどなくして、昭和基地のBヘリポートに着陸すると、越冬隊長がトラックで迎えにきてくれていた。ヘリから着替えなどの荷物を降ろしてトラックに積みこみ、そのまま管理棟の診療所へと向かった。はじめて見る昭和基地。約25年前に南極に出会ってからずっと「行ってみたい」と思ってきた場所に、こんなカタチで来ることになるとは……トホホ。

管理棟の裏口らしきところから入り、渡り廊下っぽいところを抜けて、昭和基地唯一の診療所「温倶留中央病院」に入る。ほんとうは写真の1枚でも撮りたいところだが、病気で迷惑をかけている人間がそんなことをしていたら張りたおされそうなので、グッとこらえる。中に入ると、58次隊の医療スタッフが待っていて、ひとまず風呂に入ってくるようにうながされた。うーん、やっぱり数日でもくさいのだろうか。そんなことを思いながら昭和基地のなかを歩いて、管理棟にある風呂に入る。洗い場がいくつかと湯舟もあって、広々としている。

汚れを落として診療所にもどると、すぐさま診察がはじまった。まずはレントゲン。つぎに採血。結果が出るまでの時間、ベッドに寝ながら与太話をしていると、59次隊のドクターが駆けつけてくれた。

「どーしたの？　風邪？　あ～疲れだよ、疲れ。薬飲んで寝てれば治るからさ」

ドクターとは冬訓練で同じチームだったので、それ以来、とてもよくしてくれていた。今回も、私が風邪で運びこまれると聞いて、ほかの作業を中断して駆けつけてくれたらしい。ありがたいことだ。

1時間ほどで検査の結果が出た。肺や血液には問題がなく、疲労から起こる風邪みたいな症状だろうということで、例の謎の薬とマスクを渡されて、第2夏宿に入ることになった。第2夏宿というのは、管理棟からいちばん離れた場所に位置する宿泊棟で、夏期間の作業や観測にくる夏隊のなかでも、おもに研究者たちが入居する宿舎である。トラックを降りて宿舎に入ると、ブーツや防寒着を脱ぐ玄関にあたる場所に荷物が雑然と積まれていた。さらに中に入ると、居間のような場所があり、その奥には若槻千夏のポスターの張られた扉がある。この奥が、各隊員の寝室である。

若槻千夏のポスター、もとい、寝室につながる扉を開けると、真っ暗な廊下があった。この時間に真っ暗なのには理由があり、夜間観測をしている隊員が寝ているので、起こさないようにするためだ。第2夏宿ではヘッドライトやハンディライトが必須といわれていた理由がやっとわかった。スマホの明かりを頼りに、なんとか自分に割り当てられた部屋に入る。部屋といっても、各部屋は薄いベニヤで仕切られているだけで、廊下との仕切りはカーテンしかない。おまけに、2畳ほどの広さの空間にパイプ式の2段ベッドがあるだけで、床に荷物を置くと、足の踏み場がなくなるほどのせまさだ。

幸い、いまはこの部屋はだれも使っていないとのことだったが、ベッドの下段には着替えなどが置かれており、いずれもどってくるというので、上段に這いあがって横になる。天井が目の前に迫る。これがあこがれの昭和基地……？　まあ、寝られればいいか。そんなことより早く治さねば……。そんなことを考えながら目を閉じる。

しばらく眠っていると、食事の時間だと声をかけてくれた。まだ本調子でないが、数日前にくらべればかなりよくなっているし、食べないことには体力が回復しないので、ベッドを這いでる。ちなみに、前述したが、第2夏宿には食堂はおろか、水道も風呂もトイレも洗濯機もない。あるのは簡易的な小便用トイレ（改造ポリタンク）だけ。これらのインフラを利用するには第1夏宿に移動しなければならない。第1夏宿までは歩いて5分ほどだが、ブリザードなどが発生すると外出禁止令が出されるので、第2夏宿から急いで移動しなければならない。

外はすでにふぶきはじめており、数名ごとの集団で命綱のライフロープに沿って移動しなければならない状況だった。防寒着を着て準備ができた者から数名ずつ集まって、ライフロープにカラビナ（登山用の金属リング）をかけて歩く。移動開始前には第1夏宿にいる無線担当に、だれとだれとだれが移動すると連絡を入れる。そうすることで、現在、第2夏宿にだれが残っているのか、行方不明になっている人はいないかを把握することができる。

第1夏宿に着くと、ひさびさに会うレアな登場人物に、みんなが声をかけてくれる。高熱が出ているわけではないので、意外と平気そうに見えるらしい。しかし、やはり食欲がないので、夕食はかんたんにすませて、第2夏宿にもどった。

もう、きざはし浜にもどれない?!

しばらくすると、昭和基地と各野外観測地点との定時交信がはじまり、無線機から各チームの状況が聞こえてくる。なるほど。「卵・パン事件」のときもこうやって聞いていたのか。しかし、野外チーム側の声は聞こえない。昭和基地からの発言内容を聞いて想像するしかない。

やがて、きざはし浜小屋の交信となった。

「きざはし浜小屋、了解です。明日からのスカーレン調査のあと、きざはしにもどって長池のROV調査の予定ですね」

きざはし浜小屋からの声は聞こえなかったが、昭和基地の通信担当が復唱してくれるので、交信内容があるていど把握できる。私が回復してもどってくることを信じて、今後の予定にしっかりとROV調査が組みこまれている。なんとしてもその期待に応えなければ。そんな思いで無線を聞いていると、第1夏宿からじょじょに人が帰ってきた。

するると、ある隊員が言った。

「さっき聞いたら、もうきざはしにはもどさないって言ってましたよ」

頭が真っ白になる。ついさっきの交信で、今後の調査予定にROV調査が入っていたじゃないか。ほかのメンバーでやるのか？　いや、そんなはずはない。だが、おそらくこのままではここ（昭和基地）に留めおかれて、自分の南極観測は未完了のまま終わりを迎えることになる。頭のなかをぐるぐるといやな予感が駆けめぐり、いてもたってもいられなくなった。

何のために南極まで来たのだ。多くの人に支えられてここまで来たのに、風邪ごときで手ぶらで帰るのか？　いや、それ以上に、ほかのメンバーの今後の研究にも影を落とすことになる。粗悪な歯車でも、まだかろうじて回るなら、それでいい。ここで歯車が脱落して全体が機能しなくなるよりはよっぽどいい。なんとしてでも、きざはし浜にもどらないと！

風呂に向かう隊員をつかまえて、いっしょに第1夏宿に向かう。食堂には庶務担当がいた。

「きざはし浜にもどれないって、どういうことですか⁉」

庶務担当はことばを濁したが、南極という特殊な環境ゆえのさまざまな事情が複雑に絡みあっていることは容易に察しがついた。

「管理棟に行きます。越冬隊長に会って話します！」

「ま、ま、待ってください。もう夜も遅くなるし、歩いて管理棟に行くのは無茶です。それに体調悪いんだから、今日はゆっくり寝てください」

「このまま2夏にいたら、風邪をうつすかもしれません。せめて、明日の自衛隊員の交代便でしらせにもどしてもらえれば……」

このとき、私は賭けにでていた。昭和基地は管理棟が離れた位置にあり、無線交信もヘリオペレーションも直接聞くことができない。しかも、ヘリオペレーションの采配を握る越冬隊長は管理棟につめている。直談判もできない。それにくらべてしらせは、隊長が近くにいるため、いくぶん交渉の余地がある。幸いにも明日は、昭和基地にいる自衛隊員の交代でヘリが飛ぶ。それに乗ってしらせにもどれば、最悪、4日後にスカーレン調査を終える湖沼チームのピックアップ便に乗りこむことができるかもしれない。もう、そこに賭けるしかなかった。

「とにかく、このままここにいたら、ほかの人に迷惑をかけることになるかもしれません。明日の便でしらせにもどらせてください。お願いします」

椅子から立ち上がって机に両手をつき、デコがつくくらい深々と頭を下げる。いままで生きてきて、こんなことをしたことはなかった。でも、そうでもしなければ気がすまなかった。湖沼チームのメンバーがここまで築いてきたものが失われ、永久に止まってしまうような気がして、必死の思いで頼みこんだ。まわりで見ていたほかの隊員はどう思っていたのだろう。無理難題を言ってると思われたかもしれない。でも、自分がそう思われるくらいですむならいい。何年もかけて準備してきた研究を止めるほうが問題だ。

「わ、わかりました。いちおう越冬隊長には伝えておきます。ただ、もうすぐ外出禁止令が出るので、いつ伝えられるかわかりませんし、ここで待っていても体調が悪くなると思うので、とにかく2夏でゆっくり休んでください」

そう言われて肩を起こされ、力なく椅子に座りこんだ。いまのところ、希望はゼロに近い。

しばらくすると、2夏にもどるという学生くんがやってきて、さっきまで越冬庶務が座っていた椅子に腰かけた。

「とりあえず、2夏にもどりましょうか?」

ひとりでの移動が禁止されているため、話し合いが終わるまで待っていてくれたようだ。

「そだねー」

2夏にもどると、まもなく外出禁止令が出ることもあり、点呼も兼ねて居間に隊員が集まっていた。

「お、どうだった?」

「ダメっぽいですね。もどしてもらえそうにありません」

「じゃあ、昭和を満喫するしかないですね! 酒でも飲んで殺菌しましょう!」

こうやって話ができる明るい仲間に囲まれていると、それもいいのかな? と思えてくるような気がした。南極で迷惑はかけられない。すべては、体調を崩してしまった自分が悪かったのだ。風邪などひかないからと、常備薬を船に置いてきた自分が悪かったのだ。だれが悪いわけでもない。すべては自分の落ち度、管理の甘さだったのだろう。湖沼チームのメンバーへの申し訳ない気持ちで心が押しつぶされそうになりながらも、努めて明るくふるまって、ひさびさに会った隊員たちとの会話に集中した。

やがて外出禁止令が出ると、みな早々に自分の寝床へと向かった。起きているとトイレに行きたくなるから寝てしまおう、ということだ。私もベッドに潜りこむ。眼前の天井を眺め、グルグルといろんな想いに頭をめぐらせながら、夜が明けるのを待った。外出禁止令が出たということは、とてもヘリが飛べる状態ではないので、明日の湖沼チームのスカーレン移動もなくなる可能性が高い。そうなれば、4日後にしらせからスカーレンへのピックアップ便が飛ぶこともなくなる。万事休すか……。考えてもどうにもならないことだが、そんなことをひと晩中考えていた。

## ひとまず、しらせへ帰艦

いつ眠りに入ったのか、わからなかった。突然、勢いよくカーテンが開く音で目が覚めた。

「後藤さん！ 1便で出るらしいですよ！ マルハチマルマル、Aヘリです！」

NHKのIさんが飛びこんできて、教えてくれた。飛びおきて確認すると、急遽、自衛隊員の交代便に乗ることが決まったらしい。ほかの部屋ではまだ寝ている人もいるので、静かに、しかしあわただしく荷物をダッフルバッグにつめこんで、ヘリポートへ向かう。時計を見ると、まだ朝の7時前。しばらくヘリポートでたたずんでいると、じょじょに風と雪が強くなってきた。「ホントに飛ぶのか？ ほかにだれも来てないけど」。そう思いながらも待つ。両手に荷物を持っているので体に積もった雪を払うこともできず、笠地蔵のようになっていく。

しばらくして、ヘリポートの下にトラックが止まった。だれかがこちらに歩いてくる。同乗者かと思ったら、昨夜の願いを聞きとどけてくれた越冬隊長だった。が……

「中止中止〜、1便のフライト中止〜、1夏にもどろう」

そううながされ、ふたたび1夏の食堂にもどる。朝食のためにほかの隊員も集まりだしていて、出もどりの私を温かいお茶で迎えてくれた。

しらせと昭和基地との無線交信によると、風速が10m/s以上あり、ヘリを飛ばすのは危険とのこと。12時までのすべての便をホールド（待機）とし、12時の最終判断をもって本日のフライトを中止するかどうかを決めるということだった。天候には逆らえないので、いったん2夏にもどってベッドに潜りこむ。その後、10時30分に外出注意令が発令されたため、複数名で1夏へ移動し、昼食まで待つことにした。今日は金曜日ということで、カレーのニオイがしている。しかし、肝心の米がなくなったらしく、ナンになるという。どうやら、今日の自衛隊員の交代便で米を運んでくる予定だったらしい。

あいわらずの体調のまま昼ごはんを食べていると、無線で越冬隊長が呼びだされ、あわただしく出ていった。12時のフライト判断が出たのかもしれない。しかし、窓の外は今朝と変わらず強い風が吹いている。

「CH！　フライト準備に入った！　スカーレン行きも同乗！」

もどってきた越冬隊長が食堂中に響きわたるように叫ぶ。この風速で⁉︎　と、みんなが顔を見合わせる。13時には交代の自衛隊員と米を載せてくるとのこと。そして、しらせへいったんもどったのちに、きざはし浜に飛んで、湖沼チームをスカーレンに送りとどけるという弾丸ミッション。風邪さえ治っていれば、そのままスカーレン行きに同行することができたと悔やまれるが、ひとまず、しらせへもどれる。そこで体調を整えて、4日後のピックアップ便に賭けるのだ。

カレーとナンをおなかのなかに流しこみ、急いでヘリ搭乗の準備をして、ヘリポートへ行く。交代の自衛隊員と持ち帰り物資がヘリポート脇に待機していた。すでにヘリはラングホブデ沖にいるしらせを発艦しているので、早ければ10分ほどで飛んでくるはずだ。雪混じりの強い風で、ときおり息ができなくなる。しばらくすると、積みこみの手伝いと見送りを兼ねて2夏のメンバーが集まってきた。

昨日の昼に昭和基地に来てから約1日。あわただしくも、いろいろな経験ができた。応援してくれる仲間もいるし、インターネットも使える。25年ものあいだ、行ってみたいと思いつづけていた昭和基地。南極に行くことが決まったとき、昭和基地に入れないと聞いて愕然としたこともあった。ここには、まだ見ていない施設もある。昭和基地の看板の前での記念写真も撮っていない。もう二度と来られないかもしれない。そうしたら、一生悔やむかもしれない。昨夜、寝つけないベッドのなかで、そんなことが頭をよぎった瞬間もあった。

でも、いまとなっては、やっぱり自分はきざはし浜にもどって任務を完遂するのだ、という思いしかなかった。風呂も水洗トイレもインターネットもない野宿同然の場所であるが、南極に来てからの数週間で、きざはし浜を自分の居場所のように感じはじめていた。こんな中途半端な状態で終わったら、かりに、また何年後かに南極でROV調査をする機会がめぐってきたとしても、自分が担当としてふたたびもどってくることなどできない、とさえ思えた。きざはし浜にもどって、ROV調査を完遂する。その一心で、迎えのヘリを待った。

風速15m/sほどの強風のなか、機体を大きく振られながらヘリが降りてきた。バケツリレーで物資を積みこみ、ほかの隊員といっしょに乗りこむ。ヘリのなかの隊員が外の見送りの人に向かって両手で「伏せ」の合図を送ると、ドアが閉められ、ローターの回転数が上がる。南極に来て、みんな何度かヘリに乗っているため、ダウンウォッシュが来るタイミングもわかっている。ギリギリまでこちらに手を振ってくれている。こちらもヘリの丸窓に顔を押しあて、思いきり手を振る。強風の弱まるタイミングを見計らって、いっきにヘリが離陸した。

「ありがとう、みんな！　ありがとう、昭和基地！」

そんな余韻に浸る……余裕もなく、すぐにしらせへと着艦。私が帰艦すると聞いて、隊長をはじめとする何名かの隊員が甲板に集まっていた。一刻も早く自室でパブロンを飲んで、治療に専念したいところだが、まずは隊長とともにオペレーション室に行き、今回の件について謝罪と説明をする。

「謝ることとちゃうよ。だれだって風邪くらいひくしなあ。まあ、無事でよかったよ」

と、隊長はあいかわらずやさしい。まわりで聞いていた人たちも「どこでウイルスもらったの？　てか、何食ったの？」」などと場を和ませてくれる。しかし、自分自身にさえ、正直、この不調がウイルスによるものなのかわからない。片頭痛もちなので、人一倍健康には気づかっていたつもりだし、昭和基地での検査ではとくに異常はなかったらしい。

「疲れや途中からの合流者なんかの影響もあるのかもしれませんが、こんな事態になったのはホント情けないかぎりで、申し訳ありません」

「まあ、もっと早よ言うてくれたらよかったのに。きざはし浜、異常ありやん（笑）」

「風邪薬を船に置いていったのがマズかったですね。とりあえず、救急箱に入ってるあの謎の風邪薬は、今後やめたほうがいいです」

「あの白いヤツ？　あれ、ぜんぜん効けへんよな～」

知ってるなら、ほかの薬を入れておいてほしかった……。いや、そのまえに、「南極は風邪をひかない」という概念をなくしてもらうしかない。じっさい、新しい隊が来たあとには毎年のように、なにかしら風邪のようなものが流行っているらしい。ただ、いつもは昭和基地やしらせで発生するのだが、今回は運悪く患者（私）が野外にいたために、影響が大きくなってしまった。なので、野外観測に行く人は、かならず風邪薬を携帯しておくように！

結局、この日から2日は部屋にこもって、ひたすら薬を飲みつづける日々だった。外部に空気が漏れないように通気口と扉に目張りをして、食事とトイレ以外は自室から出ないようにした。窓のない船室で無線も入らず、外界といっさいの情報が遮断された環境にいると、自分だけがとり残されていくようなこわささえ感じる。そのせいか、この日の夢はひどく、もうきざはし浜にもどれないという内容で、寝覚めが悪かった。しかし、体調は確実によくなっていくのがわかった。これなら行ける。

## 復活！　ふたたびのきざはし浜へ

しらせにもどって2日が過ぎたころには、すっかり体調がよくなっていた。ROVの清掃用に持ってきていたエタノールで部屋の消毒兼清掃をしていると、隊長がやってきた。

「体調はどう？」

「おかげさまで。もうだいじょうぶです」

「ほな、きざはしにも言うとくわ」

短く話して、隊長は部屋をあとにした。これからおこなわれるしらせとの会議で搭乗員を決めるにあたって、私のようすを見にきてくれたのだ。ということは、明日はスカーレン経由できざはし浜にもどる便があるということ。これが、湖沼チームの将来を左右する1便になるのはまちがいない。祈る気持ちでしらせ側の判断を待つしかなかった。

夜、昭和基地と各野外観測チームとの定時交信がはじまる8時になった。この交信ばかりは聞いておかねばと思い、マスクを着けてオペレーション室に入る。すでに隊長やほかの隊員がつめている。そして、昭和基地からスカーレンにいる湖沼チームが呼びだされた。

「湖沼チーム、明日のフライト予定ですが、しらせ発艦後、S16を経由して、昭和基地にて別の観測チームをピックアップしたのち、スカーレンに向かいます」

「こちらスカーレン、湖沼チーム。明日のフライト、しらせからS16、昭和基地経由でスカーレン、了解です」

「そのさいですが、復活した後藤さんも搭乗していきます」

「おお！　復活されましたか。お待ちしています」

無線の向こうの声が明るくなったのと、フライト予定に自分の名前が入っていたことに胸をなでおろし、オペレーション室を出る。残りの日数、観測に集中して挑める。ROV調査を成功させて新しい湖沼観測の道筋を拓くには、この機会を無駄にするわけにはいかない。自室にもどり、万全の態勢で臨めるように準備を整える。

翌朝、11時40分の便でしらせを発つことになった。11時ごろに早飯（はやめし：通常の配食よりも早い時間に提供してもらうこと。発艦や作業が昼食時間に重なるときなどにおこなう）をお願いしていたので、準備を整えて10時30分ごろに食堂に行く。そこへ隊長がやってきた。

「発艦、早まって11時やて」

「えっ、お昼抜き!?」

そんなことを言っている場合じゃない。11時発艦ということは、すでに搭乗員待機の状態なのだ。あわてて艦橋に行き、当直士官に離艦の報告をする。艦内を通るのは時間がもったいないので、そのまま艦橋後方の右舷側ドアから甲板に出て、急なラッタル（はしご）を駆けおりる。後部甲板のヘリ格納庫に着いたときには、自衛隊員の搭乗準備がはじまっていた。艦に残るほかの隊員も見送りにきてくれている。私も急いで荷物と体重の計測を終えると、うながされるままヘリに乗りこんだ。

しらせを発艦したヘリは、内陸にある観測地点・S16をめざして飛び立った。みるみるうちに、周囲は見渡すかぎり真っ白な世界となる。これまでは、火星とさえ言いはれそうな赤茶けた大地が広がる露岩域での活動が主だった私にとって、白色しか存在しない世界を見るのははじめてだった。

S16に近づくと、一面真っ白ななかにオレンジ色の雪上車が止まっているのが見えた。南極観測も終わりに近づいたいまになって、「南極に来た！」という実感がわいてくる。ヘリは、S16近くの雪原で隊員と物資を降ろすために5分ほど滞在したのち、別チームの観測隊員と物資を積みこむため、昭和基地に向けてふたたび大空へと飛び立った。

昭和基地までは10分ほどで、私が数日前に飛び立ったヘリポートには、搭乗する隊員がすでに物資とともに待機していた。これまた5分ほどで積みこみを終えると、つぎはいよいよスカーレンをめざして飛び立った。すぐに南極海の上空に達すると、眼下には海氷がとけた青い海が広がっていた。このようすなら、長池の氷もとけているだろう。そんなことを考えているう

白い大地に目立つ雪上車

海氷がとけて南極海が広がっていた

ちに、スカーレンが見えてきた。そのとき、昭和基地から搭乗してきた研究者のひとりで、今回越冬する極地研のHさんが話しかけてきた。

「もうたぶん、来年まで会えません。お元気で！」

そう言って右手を差しだす。私も、その手を固く握って答える。

「乗艦中もいろいろありがとうございました。帰国者報告会でお会いしましょう！　今後もご安全に！」

スカーレンに着き、湖沼チームの物資の積みこみを手伝うためにヘリを降りた。メンバーが駆けよってきて、「お帰り！」「ただいま！」とみんなで抱きあった。しかし、感傷に浸っているひまはない。これまた5分ほどで昭和基地からの観測隊員と物資を降ろし、スカーレンに残る隊員たちと固く握手を交わし、湖沼チームと物資を載せたヘリは、一路、きざはし浜へと飛び立った。

## 長池で発見した水深10ｍの「境界」

きざはし浜にもどり、いよいよ長池での調査に挑むこととなった。ほんらいであれば、来たる2月1日の越冬交代式には全員が参加する予定だったが、私をふくむ3名がきざはし浜に残ることとなった。ほとんどの野外チームが観測を終えて、続々としらせにもどりはじめる時期である。湖沼チームも、いつ観測終了になってもおかしくない。気象状況によっては、明日か明後日が最後の観測になる可能性もある。もう、1日たりとも時間を無駄にできない。

1月31日の1便で、湖沼チームの3名以外は、越冬交代式に参加すべく昭和基地へともどった。とにかく10分でも長く、ROVを潜らせる時間がほしい。メンバーを見送ると、男3人でROVを背負って長池をめざした。はじめて長池を訪れたときは、歩きなれない地形とガレ場に足をとられて、片道30分近くかかったが、この日は足どりも軽く、20分ほどで到着した。長池に着くと、ROVをいつもの西岸のほとりに降ろした。湖面の氷はとけきって姿を消している。これなら、西岸から湖心に向けて潜航させられそうである。数日ぶりに電源を入れるROVも快調そのものだった。

まずは、ROVを湖心方向に直進させ、湖底のコケボウズのようすを観察しながら航路を決める。いまいる湖岸から、ほぼ真正面に向けて潜航させれば、深度ごとに変化するコケボウズの群集が撮影できそうだった。いったんROVを湖岸にもどして方位を調整したら、潜航開始。操縦画面に映しだされるG-SHOCKの方位計を頼りに、スラスタ（推進器）を細かく操作して方位と深度を保ちながら、ROVを前進させる。ハビタットマッピング用のカメラは1秒間隔で湖底のようすを撮影するため、ゆっくり、ゆっくり、慎重にROVを潜航させていく。

すると、湖岸から湖心にかけて、明らかにコケボウズの密集度や大きさが変化していくのがわかった。

まず、湖岸付近の水深1〜2mくらいまではごつごつとした岩場が続き、水深3〜4m付近から急激に落ちこむと、ぽつぽつと小型のコケボウズが現れはじめる。密集度は高くなく、20㎝くらいの個体が点在しているような状況だ。さらにROVを進めて水深5〜6m付近に来ると、こんどは小型のコケボウズの群集密度がいっきに高くなる。ほぼ湖底一面から小さなタケノコが生えているような状態になり、ROVが着底するようなすきまもなくなる。

水深7〜8m付近まで来ると、密集度が低くなり、緑色のマット状の湖底から大きなコケボウズがニョキニョキと生えているような状態になる。よく観察すると、1個体ずつ存在しているのではなく、あるていど大きな個体どうしが身を寄せあうようにして群落をつくっている。そして、水深9m付近に到達したとき、パタッとコケボウズの姿がなくなり、緑のマット状の湖底が一面に広がった。しかし、長池の最深部である水深10m付近からは、ふたたび、親指くらいの大きさのコケボウズが芝生のように生えているのが確認できた。

まるで、高山地の森林限界のような環境である。しかし、これはROVの周辺だけに限定される可能性もあるため、ROVを浮上させ、俯瞰するように湖底を見渡す。すると、明らかにコケボウズの生息状況が大きく変化する「境界」のようなものが見てとれた。境界には深度の差はほとんどなく、湖深部に行けば行くほど、大型のコケボウズは姿を消した。これがどこまで続いているのかを確かめるべく、境界線沿いにROVを進めると、長池の最深部である水深10mの等深線に沿うようにして、この境界があるようだった。その証拠に、対岸付近では深度が浅くなるにつれて、ふたたび大型のコケボウズが見られた。

ひょっとすると、このたった数十㎝の深度変化のあいだに、コケボウズにとっては重大な生息環境の変化が起こっているのかもしれない。それは、水圧なのか、湖面から注ぐ光のスペクトル量なのか、溶存酸素量なのか、紫外線量なのか、あるいはすべての条件が複雑に重なりあった結果なのか。その解明には、これからさらにさまざまな環境情報を取得して、データを並べて検討を進める必要がある。またひとつ、解明すべき課題ができたと感じた。

この日は午前と午後、あわせて5回の潜航をおこない、さらに翌日、翌々日もたて続けに長池での調査を実施し、3日間での潜航数は13回となった。

1月中旬にしっかりと分解整備したこともあり、

長池の湖深部付近にあるコケボウズの生息境界

ROVは順調に調査をこなした。むしろ、寒さでこちらがギブアップしたくなる日もあった。今回の調査では、長池南側の湖畔は、急な傾斜地のためROVを展開する場所が確保できず、詳細なデータを得ることができなかった。一方、最終日に実施した北東側の湖岸から湖深部をめざした潜航では、これまでの西岸からのアプローチと違い、湖底が急激に深く落ちこむような地形は見られず、じょじょに湖心部に向けて深度が増していくようすが見てとれた。コケボウズの生息のしかたも西岸とは違い、ROVをしばらく航走させないとタケノコ状の群集が現れないといった状況であった。

ところで、これまで長池では、人の潜水による調査もおこなわれてきた。そのとき、潜水者はドライスーツを着こむが、顔はむき出しの状態なので、寒いのは寒い。じつは私も、調査のあいまに少しだけ湖に顔をつけてみたことがあった。「過酷な環境では水中ロボットが有効！」なんて触れまわったところで、身をもってその厳しさを痛感しないと説得力がないし、1回くらいは自分の目で湖のなかを見てみようと思い、湖岸で少し顔をつけてみたのだ。が、キィーン!!　と、目が覚めるを通りこして、頭に響くような冷たさであった。こんな水のなかで、何時間もビデオ記録装置を探していたのか……。自分にはとてもできない。こうした過酷な環境において、長時間、広域を安定的に調査するには、やはり「水中ロボットが有効である」と、あらためて確信した。

# 3　南極をあとにして

## あわただしく過ぎていく復路の日々

すべての観測を終えてしらせに帰艦した私は、今回のミッションをやりきったとばかりに、2月22日を最後に日記を書くのをやめてしまった。というより、きざはし浜で過ごした激動の日々にくらべれば変化のない毎日が続くため、書きとめることがなくなったのと、使っていたLEVEL BOOKがいっぱいになったというのが、じっさいのところである。しかし、5年が過ぎたいまでも、当時の船内でのようすを昨日のことのように覚えている。

復路は「燃えつき症候群」に襲われるといわれていたが、意外と私は平気だった。その理由のひとつが、ふだんから調査船に乗ったときに起こる「記憶の喪失」に陥らないよう、今回のROV観測で得られたデータの整理に追われたことだろう。そして、整理できてしまったら解析したくなるのが研究者で、長池・仏池・くわい池のコケボウズの画像解析を日がな一日や

っていた。なんせ、オーストラリアまでは6週間（往路は3週間だが、復路では海氷がとけているため、さまざまな海洋観測をおこなう）。過去の調査の経験から、ぜったい、あとでわからなくなる自信があった。

それに、しらせは規則正しく、朝5時55分には「総員起こし5分前」の艦内放送が流れて、いやがおうにも目が覚める。いや、正確には目はほとんど開いてない。

「お・はよ・う・ご・ざ・い・ま・す……」

と声を絞りだして、同室の国土地理院のTさんと挨拶をして、のそのそとふたりで着替えて、ふらふらと食堂に行き、同じ顔触れと（航海の後半になると、朝食に出てこなくなるメンバーもいる）、開ききらない目でとくに会話もなくモシャモシャ食事をして、6時20分には自室にもどってくる、というルーティンをくり返す。ここから夜の消灯まで14時間以上も「自由」な時間があるのだ。食っちゃ寝してたら、きっと社会復帰がいやになる。顔を洗い、歯を磨き、艦内イントラで新聞を読み、あーでもない、こーでもないとTさんと議論を交わし、朝8時ごろから、おたがい本格的に仕事をはじめるのが日課となっていた。

それでも、ずーっと揺れる船内で椅子に座って、踏んばりながらパソコンに向かってると、正直飽きるし、お尻が痛くなる。そんなときはフラフラと隊員公室やブリッジに行ってみる。すると、同じく飽きたと思われるメンバーが集まって、コーヒーを豆から煎れて飲んでいたり、窓のある場所で外の景色を見ながら学生が論文を書いていたりするので、ここぞとばかりに絡む、もとい、情報交換をする。

　とくに、復路は前次隊の越冬隊員が30名ほど乗っているが、ほとんど交流がないので、顔と名前が一致しない。せっかく同じ船に6週間も乗っているのに、ふだんどんな仕事や研究をしているのか、越冬生活はどうだったか、なんて話を聞かないのはもったいない。自分が知らなかった世界や新しい価値観に出会えるかもしれない。そう思っていろんな人と話していると、意外とあっというまに1日が終わる。あるときは、修論執筆まっただなかの大学院生相手に明け方まで海洋物理や水中探査機の講義をしたり、またあるときは、艦内で実施される研究成果発表の場である「南極大学」に向けて資料を作成したり、またまたあるときは、隊員の腕を競う「南極工芸展」に出展する作品をつくったり。そんなことをしているうちに、駆け足で毎日が過ぎていった。

南極工芸展に向けて廃材でつくったしらせ

## 出発から4か月、ついにシドニーに帰港

3月に入るころ、白夜が終わった。夜9時ごろには太陽が沈み、あたりが暗くなりはじめる。すると、現れるのがオーロラである。

はじめて見たオーロラは、どこに出ているのかわからないくらいうっすらと、空全体が明るく色づいているような印象で、10分もしないうちに消えてしまった。雲の上、はるか数百㎞も上空で起こるオーロラ現象は、天気がよくないと見ることができない。しかも神出鬼没。日没後すぐに出るときもあれば、寝静まったド深夜に出るときもある。

「オーロラが出た」という艦内放送を聞くたびにとび起きて、準備しておいた防寒着を着こみ、カメラを担いでコンパスデッキに出る。艦内は灯火管制中。ほとんど真っ暗なブリッジを抜けて外に出ると、頭上一面にオーロラが出ているときもあった。幸い、私の乗船中には何度か「オーロラ爆発」とよばれる大規模なオーロラ活動を見ることができた。天気が悪い日に、雲と雲のあいだからオーロラがのぞき、雲がカメラのディフューザー（ストロボの光を拡散する部品）のような役割をして、オーロラの光が空全体を照らしているように見えたこともあった。そんな景色を、数か月いっしょに過ごした仲間たちと見ていると、あと少しで終わる航海が名残惜しくなってくる。

東進を続けるしらせは、オーストラリアが近づくと、進路を北へと向けてシドニーをめざす。いよいよ航海の終わりが見えてると、ふたたび各地にばらばらになっていくみんなで、朝まで話しこんだりもした。そのときの写真を見ると、当時の会話がいまも鮮明に思い出される。

2018年3月20日、しらせはオーストラリアのシドニーへと入港した。約4か月ぶりに見る巨大なビル群や行きかう船に、「もどってきた」という実感がわく。そして同時に、長かった旅が終わる寂しさに襲われる。昨年、日本・成田を出発して4か月。しかし、計画から準備、訓練、会議、荷役……と、南極出発までのめくるめく日々をふり返ると、1年以上に及ぶ。やっと終わるんだ——という気持ちが強かった。

約4か月を過ごした仲間と船のタラップを降

復路の3月、しらせから見たオーロラ

りるのは、やはり寂しかった。ふだん、調査船に乗ってもここまでの気持ちになることはないのだが、これは、25年の思いがつまった船。しかも、つぎはいつ乗れるかわからない。だからよけいに名残惜しかったように思う。ともに過ごした自衛隊のみなさんに見送られて、下船した私は日本へと向かった。

## 南極はいまもそこにある

日本にもどってからは怒涛のように毎日が過ぎていった。帰国の翌日に大学に出ると、事務処理の嵐が待っていた。なんせ、あと数日で年度が終わる。膨大な報告書の作成に、4月からの授業の準備や研究成果のプレスリリースの準備などで、余韻に浸るひまもなく、出発前と変わらぬ日常にもどっていた。

シドニーに入港！　艦首前方にはオペラハウスが見える

「自分は、ほんとうに南極に行っていたのだろうか?」

　有名な映画『南極料理人』の最後に出てくるセリフが、ふと頭をよぎる。なるほど、という気持ちになった。でも、自分の場合は、しばらくは研究室に持ち帰った探査機やダンボールなどが散乱した状態だったおかげで、それを見るたびに、南極で過ごしたドラマのような激動の日々を思い出せた。いまもその気持ちを忘れないために、現地から持ち帰ったダンボールをそのまま使っている。

　南極でのROV（アールオーブイ）調査の成果は、翌月には新聞やメディアに大きくとりあげられた。でも、主役はあくまで生態学者さんで、ROVはあくまでもツール。それでも、未知の生命の解明に、歯車の一部として自分の技術が機能できたなら合格点だろう。そう思っていたが、帰国した生態学者さんが新聞のインタビューで、「工学屋さんはなかなか現地に来てもらえないから、今回、後藤さんが来てくれて助かった」「やっぱり現地のようすや観測の流れを知ってる人に機器開発をお願いできるのは心強い」と話していたと聞いて、これほどうれしいことはなかった。

　うれしいことはまだまだ続いた。今回、南極ROV用にカシオ計算機と共同開発した航法デバイスが、南極調査オリジナルモデルとして発売されることになったのだ。小学生のころからカシオを愛用していた者からすると、自分が手がけたプロジェクトのモデルが出るなんて、夢のような話だった。

　さらに、いつもお世話になっている科学系コミュニティの講演会で「南極編」を開催することになった。1回で終わるわけもなく、結局3回にわたってトークをおこなうことになり、いつも参加してくれているご夫婦からは、「産休に入るまでに、この講演会で南極大陸は見られますか?」というツッコミと笑いをもらった。

こうして、「縁」がつないでくれた今回の南極調査は、さらに「縁」をつなげていく。

つぎは南極にどんな水中ロボットを持っていって、どんなワクワクする研究をしよう? 南極で使っていたヘルメットや長靴を研究室で眺めながら考える。そんな研究室に当時のメンバーが訪ねてくると、決まって言うことがある。

「懐かしい! また行きたいですね!」

いつか聞いた「南極調査はぜったいにひとりじゃできない。だから、いっしょに行く人は家族みたいな存在なんだよ」ということば。その意味を噛みしめて、私も「またいっしょに行きたいです

25年後に叶えた夢

ね！」と答える。

それは、10年後、20年後かもしれない。きっと、今回よりも、もっと大きなハードルを越えないといけないだろう。でも私は、南極・きざはし浜から宿題をもらったように感じている。南極の湖沼や海に潜ってはじめて見た世界には、きっとまだ解明されていない生命の謎や、気づかれてすらいない事象があると確信できた。これを解明せずには、自分の南極観測は終われない——そう思いながら、つぎの南極研究に向けた準備を進める日々に追われている。

エピローグ

# 南極へと続くそれぞれの物語

## 現場を知らずして、有用な技術は生まれない

「ロボット工学者が、南極に何しに行くんだ？」

南極観測隊への参加がほぼ確実になり、いろいろな調整をしていたころ、そう言われたことがあった。おそらく単純な興味からそう聞いたのだと思うが、私には重い命題のように心に残った。

これまで私は、深海ザメ調査や海底地質調査で理学系の研究者といっしょに行動をすることが多く、そのたびに自身の技術力や研究者としての探求心が試されていると感じていた。今回の南極行きも同じように考えていた。しかし、あらためてそう言われると、回答に窮するところがあった。

たとえば、パソコンやデジカメをつくった人が南極に行くことはない。それは、それらの製品が、だれもがかんたんに使えるもので、製品としての完成度が高いことを意味している。で

あれば、水中ロボットも完成度の高いものをつくればいいんじゃないのか？　完成品をポンと渡して終わりでいいんじゃないのか？　オマエの技術力が未熟だから、オマエが南極に行きたいだけだろう？　そう言われているように感じ、モヤモヤと考えをめぐらす日々が続いた。

一方で、これまでの経験から「現場経験に勝るものはない」とも感じていた。それは、フィールド研究で幾度となく現場対応力を求められる場面に立ち会い、その重要性が身に染みていたためである。世の中にない技術を生みだすのが工学研究者の役割で、これまでの研究で開発したものには、すでに製品化されていたものはひとつとしてなかった。そのため、どんなに机上でシミュレーションをしても、現場では予期せぬトラブルが起こるし、そのトラブルも多岐にわたる。単純な機械的トラブルもあれば、「重くて運ぶのがたいへん」なんてこともある。だからこそ、「現場を知る」ことが重要だと感じている。

じっさい、今回の南極もそうだった。行ったこともない場所、かつ、いままでだれもやったことのない観測。先人から教えてもらったり、論文を読んだりして得る情報だけでは、やはり想像の域を脱しない。そのフィールドの専門家たちといっしょに現地に行って、いっしょにROV（アールオーブイ）を背負って、同じ思いをしながら、同じ景色を見ることで見えてくる世界があると、あらためて強く実感した。そして、そうして得た情報は、かならず「つぎの人たち」の研究に活きてくる。そのすえに、「じゃあ、あとよろしくね」と自信をもって渡せる完成品になっていくのだと思った。だから、フィールドで活躍する研究者たちとともに、マリアナ海溝にも潜るし、「しんかい６５００」にも乗るし、南極にだっておもむく。私がつくるのはフィールドで活躍するロボットなのだ。現場を知らずに語れるわけがない。

風呂もねえ、トイレもねえ、ネットもねえ場所で、だれが「遊び」で「命がけの野宿」をしたいものか。日本の南極観測のはじまりがそうだったように、第１次隊の先輩たちが何もない場所に挑戦していったからこそ、いまの南極観測や昭和基地の活動が成り立っている。どうすれば安全に観測ができるのか。どうすれば快適に過ごすことができるのか。そこには技術者たちの血のにじむような努力と思いがあったにちがいない。

## 南極は、それぞれが得意分野で挑む場所

お風呂が自動で沸いて、快適にインターネットで動画が見れる。そんなあたりまえの日常には、「電気」「電子」「情報」「科学」を基礎とする技術が息づいている。これらの技術は、現代のさまざまな研究にも不可欠な存在で、電子顕微鏡やクロマトグラフィー、分光光度計や解析のパソコンやタブレット端末にも開発者がいて、さらにそれらに使われる半導体をつくる研究者や技術者がいる。その技術をとおして、われわれはさまざまな世界をうかがい知ることができる。

そう考えると、工学者というのは、お得な、もとい、おもしろい職業ではないだろうか。電

気電子工学と聞くと、どこか小難しい印象を受けがちだ。じっさいに小難しい。数学や物理も必須だ。しかし、どの分野でも極めるには苦労がつきもので、そこにはタイムパフォーマンスもコストパフォーマンスも存在しない。

南極観測が60年以上も続いているのも、あきらめずに挑戦と失敗をくり返してきたからだろう。日本の南極観測事業は国家事業なので、研究者だからといって、だれでもかんたんに参加できるわけではない。政府機関のお墨つきがないと隊員にはなれないし、お墨つきをもらうにはこれまでの経験や活動が重要になる。推薦を受けて隊員となり、外務省の公用旅券と環境省の行為者証を持って南極に挑む。そこに至るまでには、どの隊員にも苦労や努力やドラマがある。

私も、25年間、南極をあきらめなかった。

「ロボット工学者が、南極に何しに行くんだ？」

「日本の南極観測事業を工学の力で発展させるために行くんです」

その真意を理解してもらえるようになるには、まだまだ時間がかかると思う。でも、私があきらめれば、あとに続く人がいなくなるかもしれない。

「南極に行きたいです！」

最近は、そう言ってくれる学生が確実に増えた。船乗りとして、工学者として、地質学者や生態学者として……、学生の目標はさまざまだが、行きたいという声を耳にする機会が明らかに増えた。違う学科の先生と学内のエレベータでいっしょになったとき、「私も若かったら、南極に行ってみたかったですね」と言われたこともあった。別の学部の先生から、「研究者人生の最大の目的地です。いつか声をかけてくださいね」と言われたこともあった。今回の私の南極観測の成果が、どれくらいの人に波及したかはわからない。それでも、身近で南極をめざす人たちにはじょじょに波及しているように感じる。

「中学生のときにテレビで見たから」「高校生のときに新聞で知ったから」……、きっかけはなんでもいい。頭の片隅に残っていて、いつか行ってみたいと思いつづけ、あきらめないことで、南極行きは現実になると、私は実感した。

自分自身のそんな経験もあり、研究室の学生とは、かならずいっしょにフィールドに出ることにしている。夏の南極よりも寒い北海道や、鏡のような湖面の照りかえしが厳しい真夏の琵琶湖、大時化の海でROV実験に挑戦した経験が、このさきのかれらの長い人生で何かの役に立てばと思う。幸い、いままで「あんな場所に連れていきやがって」といった話は出ていないので、友人との会話や職場での話のネタのひとつにでもなっているのかもしれない。そしていつか、かれらのなかから南極をめざしてくれる人が出てくれればと熱望する。

## 南極への扉はいつも突然に

毎年、年度末に気の重くなる日がある。それは、科学技術研究費、通称・科研費の審査結果の開示日。つまり、4月以降の研究可否が決まる重要な日である。

2022年のその日は、HP上での審査結果の開示が朝から予想されていたが、正午になっても開示されず、ネット上は結果を待ちきれない申請者の声であふれていた。正午を過ぎたころ、結果が開示されたとの情報をキャッチし、急いでHPにアクセスする。日本全国の申請者がいっせいにアクセスしているのだろう。なかなか画面が開かない。5分ほど待って、ようやくHPにつながった。

——不採択。

4月以降の研究が白紙になった瞬間だった。

今回の申請書には自信があった。研究テーマは、これまでコツコツと積みかさねてきた水中での光通信に関する研究成果と、南極での水中ロボットを使った観測実績から、新たな基礎研究テーマとして応募した。研究分担者にも第一線で活躍する名だたる研究者が名を連ね、過去最高のできばえと思っていた。が、不採択……。

「オーマイガー」

ふざけているのではない。ホントにそれ以外ことばが出ないのだ。

何かのまちがいだろう。登録番号をまちがえて入力したのでは？　そんなバカバカしいほど淡い期待で、しばらく時間を置いて再度アクセスしてみるが、結果は同じだった（不採択だった人は、きっと同じことをやっているはずだ）。

しばし茫然自失で画面を眺めるも、4月以降のことが想像できない。とりあえず、申請書の作成に協力してもらった研究分担者のみなさんに、不採択の結果をメールで送る。すぐに返事が来たが、もう返す気力もない。なんせ頭が真っ白なのだ。

この年は3月に入ったとたんに暖かくなり、いっきに春めいた。だが、なんとも重たい気持ちで3月を終えようとしていた。来年度の研究費、どうしよう？　学生の卒論テーマ、どうしよう？　朝、研究室に向かいながら、4月以降の生き延び方を考える。

予算は、ほぼない。国立大といえど、大学から交付される予算は限られている。そのなかで成果を出し、論文を書かなければならない。いったい、何の研究をしようか？　これから公募される助成金を探してネット上をさまようが、そんな都合のいい助成があるわけがない。

去年にひき続いてやりたい研究はある。しかし、できることは限られる。研究室のデスクでパソコンを開いて、研究計画を考えてみる。ほぼ午前中いっぱいを使い、科研費で申請した研究計画を10分の1程度にスケールダウンした研究案を資料にまとめた。資料の表紙に貼りつける画像は、なんとなく、しらせの画像にした。いまは少ない予算でも、いつかは南極で実験できたらいいな、そんな想いだった。

しかし、そのわずか10分後、何のまえぶれもなく、この「研究案」が「現実」に変わったのである。

受信ボックスに、以前の南極観測で知り合った極地研の研究者からのメールが届いた。そこには、私を観測隊員に推薦したい旨が書かれている。まさに「2度目の南極（推薦）」が決まった瞬間だった。

ついさっきまで真っ白だった目の前の景色が春色に見えだした。研究室の机で昼食のカップ麺をすすりながら、突然、実感がわいてきた。

「え？　また南極行くの？」

## いざ、新たな難題が待つ南極へ

こうして、ふたたび南極を訪れることになった。その舞台は――そう、あの「スカルブスネス」である。

数日後、極地研の研究者が大学にやってきた。政府の観測計画をふまえて今回はどのような観測を実施するのかを聞き、具体的にいまからどんな研究が実現できそうかを練る。今回も私は生態系観測チームとして、前回の南極で活躍したＲＯＶなどの水中機器を使った生物モニタリングを担当してほしいということだった。ただし、今回のターゲットはコケボウズではなく、みんな大好きペンギンである。

「これはやっかいだ……」

膝を突きあわせて研究計画を練りながら、私は、どのような機器が使えるかを必死に模索していた。なんせペンギンは、コケボウズのようにその場にじっとしてはおらず、動きまわるし、泳ぎまわる。それも、水中では目にもとまらぬ速さで。これをROVでとらえるのは至難の業である。かつて、クジラと並走して個体識別するAUV（自律型水中探査機）をつくれないか、という相談を受けたものの、スラスタ推力の限界と機体に作用する水の抵抗に課題があり、断念したことがあった。今回はこれに匹敵すると感じていた。

というのも、ペンギンは個体によっては泳ぐ速度が時速数km〜十数kmになる。かりに時速10kmとした場合、水中ロボットで広く使われる速度の単位（ノット）に換算すると、約5・4ノットである。ジェンツーペンギンにいたっては、トップスピードは時速約36km、約19・5ノットで泳ぐという。国交省などの規定で、航海速力が22ノットを超える船舶は「高速船」と定義されている。つまり、高速船に匹敵する巡航速度を出す水中ロボットを開発することになる。おまけに直線運動ではなく変則軌道……。思考が停止しそうになる。

水中において20ノット以上で航走するロボットなんて、危なくて使えない。ROVなら、ケーブルをさばく人が海に引きずりこまれかねないし、全自動のAUVなら、ひとたびコントロールを失えば、あっというまに海の彼方に走りさってしまう。「なくそう、海難事故！」「やめよう、海洋投棄！」である。学生の研究テーマとしても、魔改造チックで、とてもオススメできない。20ノット以上を出せる水中航走体もあるにはあるが、科学調査で使うようなロボットではない。

かといって、並走しながらの観測をあきらめ、定点観測装置にするにしても、「データはどうやって回収するんだ?」「観測隊が帰ったあとは、どうやって日本にデータを送るんだ?」といった、南極ならではの課題があった。かりに水中からケーブルで映像を伝送してきたとしても、干満の差で沿岸に押しよせる海氷に擦られてケーブルが破断する恐れもあるし、生物がかじって断線することもある。過去に水族館でとある実験をしていたとき、マダラトビエイに高価な計測器のケーブルをかじられて、泣きをみたことがあった。

不確定要素が多すぎる。おまけに不確定要素としては、新型コロナウイルスの影響しだいでは、今後の日本の南極観測計画じたいが変更される可能性もある。生態系や気候変動の長期モニタリングにおいて、「観測空白」は最大の敵である。

2020年に発生した新型コロナウイルスの世界的流行により、行動の制限を余儀なくされる生活が2年近く続いた。これは研究の世界にも大きな影を落とし、さまざまな研究が規模を縮小せざるをえなくなり、研究仲間からは「予定していた観測や実験ができず、データの回収や機器の更新などが滞った」という話を聞いていた。南極観測も例外ではなかった。とくに、国境を越えるような活動が制限されたことで、船舶を使った研究はのきなみ予定が変更となった。航海日数の変更や乗船定員の削減はまだいいほうで、そもそも研究活動じたいが中止になるケースもあった。

こうした、観測をする期間や地域などにデータの空白が生じることを「観測空白」という。観測空白は、病気の流行に限らず、社会情勢による渡航制限や観測機器の不足、災害によるインフラ亡失など、さまざまな原因で引き起こされる。ただ、これまでは局所的な現象にとどまっていたのだが、新型コロナウイルスによる観測空白は、世界的な規模になっている。

私は、いまだかつて経験したことのない世界的な観測空白に対し、工学的アプローチが必要だと考えていた。先人たちが自動観測ブイや人工衛星などのリモートセンシング技術を開発してきたように、南極観測においても、時間的&空間的な観測空白をなくしていく技術が求められているはずだ。

そんな、いまだだれも実現していない観測方法に挑むことを思いつき、はやる気持ちを抑えながら研究計画の資料を作成する。その内容？　もちろん、まだ言えない。現在、鋭意、開発中である。

——to be continued!?

# あとがき

この本にまとめた南極体験の一部は、WEBサイト「科学バー」の連載記事として発表したものだ。当初は、つぎに南極に行く人の参考になればとの思いで書きはじめたため、ひじょうに細かな（よけいな？）内容まで掲載してもらっており、私の名刺がわりのような記事だった。「科学バー」の主催者につないでくれたのは、南極に行くきっかけとなった四谷三丁目での一席を設けてくれた知人だった。

連載中から、「いつか書籍化できたらいいな」と思いながら月日がたち、コロナ禍による中断期間もあって、気づけば、南極に行ってから約5年が過ぎていた。

次回の南極観測隊員としての推薦の話があってからしばらくたったある日、研究室にカシオ計算機のUさんが訪ねてきた。連載の書籍化への思いを伝えると、「いい出版社を知ってますよ。ご紹介します！」とUさん。……ということで、奇跡のように今回の出版につながった。

こんな奇跡のような縁のつながりは、今回の南極行きでも強く感じていた。

南極への道をひらいてくれた著述家の江口えりさん、映像プロダクションの佐々木仁さん、「科学バー」での連載と講演の機会をくれたキウイ・ラボの畠山泰英さん、「NHKスペシャル」

の技術相談をきっかけに、ひょんなことからカシオ計算機につなげてくれたＮＨＫの廣瀬学さん、カシオ計算機の牛山和人さんと南極用Ｇ−ＳＨＯＣＫプロジェクトチームのみなさま、ＲＯＶ用ケーブルの開発・特許申請に親身になって協力してくれた岡野電線のみなさま、南極に送りだしてくれた大学、極地研の多くの方々、南極の地でともにＲＯＶ運用に携わってくれた第59次隊・きざはし浜チームのみなさま、まったくの無知だった私に「水中探査機とは？」を徹底的に、文字どおりたたきこんでくれた親方と当時の探査機運航チームのみなさまに、深く感謝申し上げる。こうした人たちがいなければ、ＲＯＶを開発することもできなかったし、南極の話も来なかっただろう。みなさんの温かさがあらためて身に染みる。そして、途中で本棚にしまうことなく本書を読みきってくれた読者のみなさまに、この場を借りて御礼申し上げる。

最後に、そもそも「南極」に興味をもつきっかけをつくってくれたというか、南極観測船「しらせ」の刷りこみ教育をしてくれた両親と、未知の世界への挑戦に文句も言わず送りだしてくれた妻と家族に、心から「ありがとう」のことばを贈る。

２０２３年10月

後藤慎平

著者紹介

後藤慎平　ごとう・しんぺい

１９８３年、大阪生まれ。筑波大学大学院博士後期課程修了。博士（工学）。
第59次・第65次南極地域観測隊（夏隊）。
民間企業、海洋研究開発機構を経て、東京海洋大学助教。
専門は深海探査機の開発、運用。
２０１４年から生物研究にまつわる海洋機器開発に取り組み、
２０１８年には南極の湖底に生息するコケボウズを水中ロボットで撮影する、
世界初のミッションを成し遂げた。
著書に『深海探査ロボット大解剖＆ミニＲＯＶ製作』（ＣＱ出版）がある。

深海ロボット、南極へ行く 極地探査に挑んだ工学者の700日

2023年12月1日 初版発行
2024年4月10日 2刷発行

著者 後藤慎平
イラスト 本田亮
デザイン 後藤葉子
組版 トム・プライズ
発行所 株式会社太郎次郎社エディタス
東京都文京区本郷3-4-3-8F 〒113-0033
電話 03-3815-0605 FAX 03-3815-0698
http://www.tarojiro.co.jp/
電子メール tarojiro@tarojiro.co.jp
編集担当 漆谷伸人
印刷・製本 シナノ書籍印刷

定価はカバーに表示してあります
ISBN978-4-8118-0864-2 C0026